危险化学品重大危险源包保责任人工伤预防能力提升培训系列教材

危险化学品重大危险源
主要负责人
工伤预防知识

中国化学品安全协会◎组织编写

中国劳动社会保障出版社

图书在版编目(CIP)数据

危险化学品重大危险源主要负责人工伤预防知识/中国化学品安全协会组织编写. -- 北京：中国劳动社会保障出版社，2022

危险化学品重大危险源包保责任人工伤预防能力提升培训系列教材

ISBN 978-7-5167-5491-7

Ⅰ.①危… Ⅱ.①中… Ⅲ.①化工产品-危险品-工伤事故-事故预防-技术培训-教材 Ⅳ.①X928.503

中国版本图书馆 CIP 数据核字(2022)第 128733 号

中国劳动社会保障出版社出版发行

(北京市惠新东街 1 号　邮政编码：100029)

*

三河市华骏印务包装有限公司印刷装订　新华书店经销

787 毫米×1092 毫米　16 开本　13.5 印张　197 千字

2022 年 8 月第 1 版　2022 年 8 月第 1 次印刷

定价：52.00 元

读者服务部电话：(010) 64929211/84209101/64921644

营销中心电话：(010) 64962347

出版社网址：http://www.class.com.cn

编委会

本书主编：王　震　张玉平

编写人员：侯红霞　嵇　超　冯建柱　孙志岩

周　欢　魏东来　魏　东

前言

我国历来高度重视工伤预防工作。2020 年 12 月，人力资源社会保障部、工业和信息化部、财政部、住房城乡建设部、交通运输部、国家卫生健康委员会、应急管理部、中华全国总工会联合印发《工伤预防五年行动计划（2021—2025年）》，提出瞄住盯紧工伤事故和职业病高发的危险化学品等重点行业企业、深入推进工伤预防培训等任务。

为了落实《工伤预防五年行动计划（2021—2025 年）》，提升危险化学品领域从业人员工伤预防意识和能力，2021 年 12 月，人力资源社会保障部、应急管理部联合印发《关于实施危险化学品企业工伤预防能力提升培训工程的通知》（人社部函〔2021〕168 号）（以下简称“通知”）。通知要求，深入学习贯彻习近平总书记关于安全生产重要论述，紧紧围绕从源头上消除事故隐患，实施危险化学品企业工伤预防能力提升培训工程。2022 年，将重点轮训重大危险源主要负责人、技术负责人和操作负责人。

重大危险源能量集中，一旦发生事故破坏力强，伤亡大、损失大、影响大。为有效遏制重特大事故发生，通知提出“重点保障重大危险源企业相关人员培训”“2022 年重点轮训重大危险源包保责任人”的要求，更加凸显出管控好重大危险源对于防范化解危险化学品重大安全风险的重要性，表明了加强重大危险源包保责任人培训对于提升重大危险源安全生产基础保障水平的必要性和紧迫性。自《危险化学品企业重大危险源安全包保责任制办法（试行）》施行以来，重大危险源主要负责人、技术负责人、操作负责人成为企业重大危险源安全管控的关键人群，各负其责，在保障重大危险源安全平稳运行方面发挥着重要作用。按照通知要求，对重大危险源包保责任人开展针对性安全培训，有利于进一步压实包保责任，提升履责能力，确保重大危险源风险受控、安全运行，遏制重特大事故发生。

为了提升重大危险源包保责任人工伤预防能力提升培训质量，帮助重大危险源包保责任人学习和掌握落实重大危险源包保责任必需的安全生产知识，中国化学品安全协会组织专家，按照应急管理部下发的《重大危险源包保责任人培训要点》，结合我国重大危险源安全管理现状，梳理重大危险源安全生产应知应会知识，编写了“危险化学品重大危险源包保责任人工伤预防能力提升培训系列教材”。本套教材包括以下四个分册：《危险化学品重大危险源主要负责人工伤预防知识》《危险化学品重大危险源技术负责人工伤预防知识》《危险化学品重大危险源操作负责人工伤预防知识》和《危险化学品重大危险源包保责任人工伤预防能力提升培训习题集》。

本套丛书在编写过程中，参阅了相关资料与著作。在此对有关著作者和专家表示感谢。本套丛书力求内容全面、知识实用，但由于编者水平所限，书中恐有疏漏，敬请广大读者批评指正并提出宝贵意见。

编委会

2022 年 7 月

内容简介

本书围绕有关法律、法规、规章、标准及文件对危险化学品重大危险源主要负责人安全管理的要求编制，着重提升主要负责人对重大危险源整体安全管控能力。

本书以讲解重大危险源主要负责人应该了解的安全生产知识和管理技能为出发点，以问答的形式介绍了重大危险源基础知识、重大危险源安全生产管理、重大危险源事故应急管理和重大危险源典型事故案例分析等内容。所选题目针对性强，内容解析专业翔实，文字语言通俗易懂，可作为政府、企业开展重大危险源包保责任人工伤预防培训的参考书籍。

目录

第一章
重大危险源基础知识

第一节 重大危险源的由来、发展与特点

一、重大危险源的由来与发展历程

1. 重大危险源提出的背景是什么?

随着石油化工行业的迅猛发展，大量易燃易爆、有毒有害、有腐蚀性的危险化学品不断问世，它们作为工业生产的原料或产品出现在生产、储存、使用和经营等过程中。化学品的固有危险性给人类的生存带来了极大的威胁。1974 年，英国弗利克斯伯勒镇发生己内酰胺生产装置爆炸事故，造成厂内 28 人死亡、36 人受伤，厂外 53 人受伤。1976 年，意大利塞维索市发生二噁英泄漏事故，造成 30 人伤亡，迫使 22 万人紧急疏散。1984 年，墨西哥城发生液化石油气爆炸事故，造成 650 人丧生，数千人受伤。1984 年，印度博帕尔市农药厂发生异氰酸甲酯泄漏事故，造成 2.5 万人中毒死亡，20 余万人中毒受伤且其中大多数人双目失明，67 万人受到残留毒气的影响。1989 年 8 月 12 日，黄岛油库发生重大火灾爆炸事故，造成 19 人死亡，100 多人受伤，直接经济损失 3 540 万元。1997 年 6 月 27 日，北京东方化工厂爆炸事故造成 9 人死亡，直接经济损失 1 亿多元。2004 年 4 月 16 日，重庆市江北区天原化工厂氯氢分厂 8 个液氯储槽罐中的 5 个发生

爆炸，致使两边部分建筑物倒塌，造成9人死亡、3人受伤，附近约15万人被迫紧急疏散。这些涉及危险品的事故，尽管其起因和影响不尽相同，但它们都有一些共同特征：都是失控的偶然事件，会造成工厂内外大批人员伤亡，或是造成大量的财产损失或环境损害，或是两者兼而有之。发生事故的根源是设施或系统中储存或使用易燃、易爆或有毒物质。事实表明，造成重大工业事故的可能性和严重程度，既与危险化学品的固有性质有关，又与设施中实际存在的危险化学品数量有关。

20世纪70年代以来，预防重大工业事故引起国际社会的广泛重视，并随之产生了“重大危害”“重大危害设施（国内称为重大危险源）”等概念。1993年6月，第80届国际劳工大会通过的《预防重大工业事故公约》将“重大事故”定义为：在重大危害设施内的一项活动过程中出现意外的、突发性的事故，如严重泄漏、火灾或爆炸，其中涉及一种或多种危险物质，并导致对工人、公众或环境造成即刻的或延期的严重危险。将“重大危害设施”定义为：不论长期地或临时地加工、生产、处理、搬运、使用或储存数量超过临界量的一种或多种危险物质，或多类危险物质的设施（不包括核设施、军事设施以及设施现场之外的非管道的运输）。我国国家标准《危险化学品重大危险源辨识》（GB 18218—2018）中将“重大危险源”定义为：长期地或临时地生产、储存、使用和经营危险化学品，且危险化学品的数量等于或超过临界量的单元。

2. 我国对重大危险源的研究经历了哪些发展历程？

我国从20世纪80年代开始重视对重大危险源的辨识、分析和评价，并初步在生产实际中加以应用。

1996年2月，由劳动部主持完成的国家“八五”科技攻关课题《重大危险源的评价和宏观控制技术研究》通过国家科委组织的专家鉴定和验收，该课题提出了一套适合中国国情的重大危险源辨识、评价、分级方法及安全监察、管理措施。

1997年，劳动部分别在北京、上海、天津、深圳、成都、青岛6个城市进行了重大危险源普查试点工作，取得了良好的成效。

2000年，国家标准《重大危险源辨识》（GB 18218—2000）颁布，作为重大危险源辨识的依据，于2009年和2018年分别进行了修订。

2002年，《中华人民共和国安全生产法》和《危险化学品安全管理条例》颁布，对生产经营单位提出应对重大危险源登记建档、定期检测、评估、监控、制定应急预案、备案等要求，标志着重大危险源的安全监管纳入法律、法规层次。

2003年，国家安全生产监督管理局在辽宁、江苏、福建、广西、甘肃、浙江、重庆等省市开展重大危险源申报登记试点工作。

2004年，国家安全生产监督管理局印发了《关于开展重大危险源监督管理工作的指导意见》（安监管协调字〔2004〕56号），加强重大危险源管理，统一标准，规范运行。

2011年，国家安全生产监督管理总局颁布了《危险化学品重大危险源监督管理暂行规定》，提出了危险化学品重大危险源辨识、分级、评估、登记建档、监测监控、备案和核销以及安全监督检查等要求。

2018年、2019年《危险化学品生产装置和储存设施风险基准》（GB 36894—2018）和《危险化学品生产装置和储存设施外部安全防护距离确定方法》（GB/T 37243—2019）分别颁布，用于确定陆上危险化学品企业新建、改建、扩建和在役生产、储存装置的社会风险、个人风险和外部安全防护距离。

2020年，中共中央办公厅、国务院办公厅印发《关于全面加强危险化学品安全生产工作的意见》，部署开展危险化学品安全专项整治三年行动，要求突出重大危险源企业，实施最严格的治理整顿。

2021年，应急管理部办公厅印发了《危险化学品企业重大危险源安全包保责任制办法（试行）》，要求有关企业完善危险化学品重大危险源安全风险管控制度，明确重大危险源的主要负责人、技术负责人、操作负责人，从总体管理、技术管理、操作管理三个层面对重大危险源实行安全包保，目的是压实企业安全生产主体责任，规范和强化重大危险源安全风险防控工作，有效遏制重特大事故。

二、重大危险源与事故的关系

1. 如何理解危险源?

危险源是导致事故发生的根源。根据能量意外释放理论，事故是能量或危险物质的意外释放。能量或危险物质不能孤立存在，它们必须处于一定的载体中，而该载体也必须处于一定的环境中。为此，把系统中存在的、可能发生意外释放能量或危险物质的设备、设施或场所称为危险源。影响危险源安全性的因素种类繁多、非常复杂，它们在导致事故发生、造成人员伤害和财物损失方面所起的作用并不相同。根据危险源在事故发生、发展中的作用，把危险源划分为两大类，即第一类危险源和第二类危险源。

第一类危险源是指系统中存在的、可能发生意外释放的能量或危险物质。常见的第一类危险源包括：产生、供给能量的装置、设备；使人体或物体具有较高势能的装置；能量载体；一旦失控可能产生巨大能量的装置、设备、场所，如强烈放热反应的化工装置等；一旦失控可能发生能量蓄积或突然释放的装置、设备、场所，如各种压力容器等；危险物质，如各种有毒、有害、可燃烧爆炸的物质等；生产、加工、储存危险物质的装置、设备、场所；人体一旦与之接触将导致人体能量意外释放的物体。第一类危险源具有的能量越多，一旦发生事故其后果越严重；相反，第一类危险源处于低能量状态时比较安全。同样，第一类危险源包含的危险物质的量越多，其危险性越大。

在生产过程中，为了利用能量，使能量按照人们的意图在系统中流动、转换和做功，必须采取措施约束、限制能量，即必须控制危险源。约束、限制能量的屏蔽措施应该能可靠地控制能量，防止能量意外释放。

导致约束、限制能量措施失效或破坏的各种不安全因素称为第二类危险源，包括人、物、环境 3 个方面的问题：人为失误可能直接破坏对第一类危险源的控制，造成能量或危险物质的意外释放；物的因素可以概括为物的故障，物的故障可能直接使约束、限制能量或危险物质的措施失效而发生事故，有时一种物的故障可能导致另一种物的故障，最终造成能量或危险物质的意外释放；环境因素主要指系统运行的环境，包括温度、湿度、照明、粉尘、通风换气、噪声和振动等物理环境，以及企业和社会的软环境，不良的物理环境会引起物的故障或人为失误。

事故的发生是两类危险源共同起作用的结果。第一类危险源的存在是事故发生的前提，没有第一类危险源就谈不上能量或危险物质的意外释放，也就无所谓事故。另外，如果没有第二类危险源破坏对第一类危险源的控制措施，也不会发生能量或危险物质的意外释放。第二类危险源的出现是第一类危险源导致事故的必要条件。在事故的发生、发展过程中，两类危险源相互依存、相辅相成。第一类危险源在事故时释放出的能量是导致人员伤害或财物损坏的能量主体，决定事故后果的严重程度；第二类危险源出现的难易决定事故发生的可能性的大小。两类危险源共同决定危险源的危险性。

2. 重大危险源与事故的关系是什么？

长期地或临时地生产、储存、使用和经营危险化学品，且危险化学品的数量等于或超过临界量的单元称为重大危险源。由此可知，重大危险源是系统中存在的、可意外释放的能量或危险物质大于临界量的设备、设施或场所。

重大危险源一旦发生事故，就会伴随着大量能量或危险物质的释放，从而造成大量的人员伤亡和财产损失，形成事故。涉及重大危险源的生产、储存、使用危险化学品装置的事故最易造成灾难性后果。从其类别上看，主要是火灾、爆炸、中毒和窒息。在危险化学品生产和使用过程中，工人接触有毒有害的危险化学品是难以避免的。危险化学品泄漏以后，极有可能引起火灾和爆炸事故，而火灾和爆炸事故往往会引起一系列的连锁反应，从而造成更大的泄漏，引发更为严重的火灾和爆炸事故。火灾和爆炸事故能导致人员伤亡和财产损失，危险化学品泄漏后还可能会污染大气和水源，造成人员中毒，其事故案例不胜枚举。由此可见，重大危险源很可能成为导致事故发生的根源。

三、重大危险源安全生产特点

重大危险源的安全生产特点是什么？

（1）构成重大危险源的危险化学品绝大多数具有易燃易爆、有毒有害、腐蚀等危险性，物料的潜在危险性决定了重大危险源在生产、储存、使用、运输等过程中要严加管控，否则稍有不慎就会酿成事故。近年来，企业在涉及重大危险源的生产、储存、使用、装卸、废弃处置等环节均发生过严重事故。江苏德桥仓储有限公司“4·22”较大火灾事故是由于员工在重大危险源场所动火作业时，对作业风险未加以管控导致的；河北盛华化工有限公司“11·28”重大爆燃事故是由于员工在涉及重大危险源的装置生产过程中错误操作导致的；山东石大科技公司“7·16”着火爆炸事故是由于员工在重大危险源罐区进行切水倒罐作业时违章离岗导致的。

（2）随着石油化工生产日趋大型化，构成重大危险源的生产、储存装置规模越来越大，储存危险物料越来越多，对生产、储存装置的本质安全和安全管理要求越来越高，一旦发生事故，后果往往很严重。例如，山东临沂金誉石化“6·5”重大爆炸着火事故，共造成10人死亡、9人受伤。

（3）涉及重大危险源的生产工艺过程复杂，工艺条件苛刻，常常需要高压、高温或深度冷冻等，工艺过程参数发生变化使工艺过程失控极易引发事故。例如，用丙烯和空气直接氧化生成丙烯酸的反应，各种物料就处于爆炸极限附近，而且反应温度超过中间产品丙烯醛的燃点，生产控制上稍有偏差就可能发生事故。

（4）石油化工生产，特别是大、中型石油化工生产多为连续化生产，前后单元息息相关，相互制约，某一环节发生故障，常会影响整个装置运行，某一装置发生事故，也有可能波及其他邻近装置。在危险化学品生产区、储存区或装运区，一个重大危险源发生事故，可能会影响到邻近单元，引起其他危险源也相继发生事故，出现多米诺效应，造成事故蔓延。许多化工企业的重大事故都伴随有多米诺效应发生，它是造成重大事故损失加剧、灾难升级的一个重要原因。例如，河南省三门峡市河南煤气集团义马气化厂“7·19”重大爆炸事故，原因是空气分离装置冷箱泄漏未及时处理，发生“砂爆”，进而引发冷箱倒塌，导致附近500 m^3 液氧储罐（构成重大危险源）破裂，周围可燃物在液氧或富氧条件下发生爆炸、燃烧，造成15人死亡、16人重伤。

总之，涉及重大危险源的装置一旦工艺失控或物料泄漏，极易发生重大火灾爆炸或大量人员中毒事故，造成重大人员伤亡和财产损失，破坏力强，社会影响大。因此，重大危险源是危险化学品安全生产管理工作的重中之重，必须严格加强管理，采取更严格的管控措施，防止出现事故。

思考题

1. 为何我国高度重视重大危险源安全生产工作？
2. 针对危险化学品重大危险源，我国建立了什么样的监管体系？
3. 企业应从哪些方面加强重大危险源安全管理？

第二节　重大危险源的辨识与分级

一、重大危险源辨识

1. 危险化学品重大危险源、单元和临界量是如何定义的？

根据《危险化学品安全管理条例》，危险化学品是指具有毒害、腐蚀、爆炸、燃烧、助燃等性质，对人体、设施、环境具有危害的剧毒化学品和其他化学品。

根据《危险化学品重大危险源辨识》（GB 18218—2018），危险化学品重大危险源是指长期地或临时地生产、储存、使用和经营危险化学品，且危险化学品的数量等于或超过临界量的单元。单元是指涉及危险化学品的生产、储存装置、设施或场所，分为生产单元和储存单元。临界量是指某种或某类危险化学品构成重大危险源所规定的最小数量。

2. 重大危险源生产单元和储存单元是如何划分的？

生产单元是危险化学品的生产、加工及使用等的装置及设施，首先应根据具有明显防火间距和相对独立的功能的原则划分单元，当装置及设施之间有切断阀的，以切断阀作为分隔界限划分为独立的单元；单元间如无切断阀的，按一个生产单元进行划分。对于生产装置内的中间储罐，原则上与生产装置一起进行重大危险源辨识。

储存单元是用于储存危险化学品的储罐或仓库组成的相对独立的区域。储罐区以罐区防火堤为界限划分为独立的单元，储罐区未集中布置的，则应分别划分单元进行辨识。仓库以独立库房（独立建筑物）为界限划分为独立的单元。对于一个生产厂房内有多套生产设施的，按照一个单元进行辨识。一个生产厂房内的中间仓库和厂房整体进行单元辨识。罐式集装箱、汽车槽车、火车槽车等可移动设备如作为固定设施进行管理的，应与固定设施一起进行重大危险源辨识。

3. 如何确定危险化学品临界量？

（1）《危险化学品重大危险源辨识》（GB 18218—2018）中表 1 给出了常见危险化学品名称及其临界量，在表 1 范围内的危险化学品，其临界量通过查询表 1 确定。

（2）未在《危险化学品重大危险源辨识》（GB 18218—2018）表 1 中列举的危险化学品，应依据其危险特性，按《危险化学品重大危险源辨识》（GB 18218—2018）中表 2 确定其临界量。

若一种化学品具有多种危险性，对应得出多个临界量，应按其中最低的临界量进行重大危险源判定。

4. 如何判定单元是否构成重大危险源？

生产单元、储存单元内存在危险化学品的数量等于或超过《危险化学品重大危险源辨识》（GB 18218—2018）中规定的临界量，即被定为重大危险源。

单元内存在的危险化学品的数量根据储存危险化学品的种类分为以下 2 种情况。

（1）单元内存在的危险化学品为单一品种，则该危险化学品的数量即为单元内危险化学品的总量。若等于或超过相应的临界量，则定为重大危险源。需要特别注意的是，若构成重大危险源的单元内危险化学品实际储存量和单元设计储存量不符时，应该将设计储存量作为危险化学品的总量进行重大危险源的辨识。

（2）单元内存在的危险化学品为多品种时，则按式 1-1 计算。若满足式 1-1，则定为重大危险源：

$$S = \frac{q_1}{Q_1} + \frac{q_2}{Q_2} + \cdots + \frac{q_n}{Q_n} \geqslant 1 \quad (1-1)$$

式中　S——辨识指标；

q_1，q_2，…，q_n——每种危险化学品实际存在量，t；

Q_1，Q_2，…，Q_n——与每种危险化学品相对应的临界量，t。

二、重大危险源分级

1. 重大危险源分级指标的计算方法是什么？

根据《危险化学品重大危险源辨识》（GB 18218—2018）中关于重大危险源分级指标的计算方法，采用单元内各种危险化学品实际存在量与其相对应的临界量比值，经校正系数校正后的比值之和 R 作为分级指标，按式 1-2 计算：

$$R = \alpha\left(\beta_1 \frac{q_1}{Q_1} + \beta_2 \frac{q_2}{Q_2} + \cdots + \beta_n \frac{q_n}{Q_n}\right) \quad (1-2)$$

式中　R——重大危险源分级指标；

α——该危险化学品重大危险源厂区外暴露人员的校正系数；

β_1，β_2，…，β_n——与每种危险化学品相对应的校正系数；

q_1，q_2，…，q_n——每种危险化学品实际存在量，t；

Q_1，Q_2，…，Q_n——与每种危险化学品相对应的临界量，t。

2. 校正系数 α、β 的含义分别是什么？如何取值？

α 是指该危险化学品重大危险源厂区外暴露人员的校正系数，根据危险化学品重大危险源的厂区边界 500 m 范围内常住人口数量，按照表 1-1 确定 α 取值。需要注意一点，校正系数 α 是以厂区边界进行计算，不是以每个重大危险源单元边界进行计算。

表 1–1 暴露人员校正系数 α 取值

厂外可能暴露人员数量	校正系数 α
100 人以上	2.0
50~99 人	1.5
30~49 人	1.2
1~29 人	1.0
0 人	0.5

β 是指与每种危险化学品相对应的校正系数，根据单元内危险化学品类别不同进行取值。一般来说，化学品危险性越大，β 值越高。《危险化学品重大危险源辨识》（GB 18218—2018）中表 3 给出了某些毒性气体校正系数 β 的取值，未在表 3 中列举的危险化学品，应依据其危险特性，查询《危险化学品重大危险源辨识》（GB 18218—2018）中表 4 确定 β 取值。例如，氨对应的 β 值为 2，爆炸物对应的 β 值为 2，易燃固体对应的 β 值为 1。

3. 如何确定重大危险源级别？

依据《危险化学品重大危险源辨识》（GB 18218—2018），根据重大危险源分级指标 R 值，通过查询表 1–2 可确定重大危险源级别。

表 1–2 重大危险源级别和 R 值的对应关系

危险化学品重大危险源级别	R 值
一级	$R \geqslant 100$
二级	$50 \leqslant R < 100$
三级	$10 \leqslant R < 50$
四级	$R < 10$

从 R 值计算公式和 R 值与重大危险源级别对应表可以看出，危险化学品实际存在量越多、厂外可能暴露人员数量越多、自身危险性越大、危险化学品对应的临界量越小，分级指标 R 值越大，越要给予高度重视，进行严格的管控。

重大危险源分为四级，分别是一级重大危险源、二级重大危险源、三级重大危险源和四级重大危险源。其中，一级重大危险源级别最高，安全管控也最严格。

思考题

1. 对于危险化学品混合物，应如何确定其临界量？

2. 若危险化学品的储存库房设计量与实际储存量相差较大，应如何进行辨识？

第三节　典型危险化学品的分类及危险特性

一、危险化学品分类及重要参数

1. 危险化学品如何进行分类？

《化学品分类和标签规范》（GB 30000. 2—2013~30000. 29—2013）将化学品危险性分为 28 类，95 个类别。以此为基础，《危险化学品目录》（2015 版）选取了 28 类中危险性较大的 81 个类别作为危险化学品。

28 类危险化学品分为理化危险性类别、健康危险性类别和环境危险性类别。属于理化危险性类别的有：爆炸物、易燃气体、气溶胶、氧化性气体、加压气体、易燃液体、易燃固体、自反应物质和混合物、自热物质和混合物、自燃液体、自燃固体、遇水放出易燃气体的物质和混合物、金属腐蚀物、氧化性液体、氧化性固体和有机过氧化物 16 个；属于健康危险性类别的有：急性毒性、皮肤腐蚀/刺激、严重眼损伤/眼刺激、呼吸道或皮肤致敏、生殖细胞致突变性、致癌性、生殖毒性、特异性靶器官毒性——一次接触、特异性靶器官毒性——反复接触和吸入危害 10 个；环境危险性类别有危害水生环境和危害臭氧层 2 个。下面就 28 类危险化学品的定义进行介绍，以便于系统了解分类情况。

（1）爆炸物（或混合物）指能通过化学反应在内部产生一定速度、一定温度与压力的气体，且对周围环境具有破坏作用的一种固体或液体物质（或其混合物）。

（2）易燃气体指在 20 ℃和标准压力（101.3 kPa）时与空气混合有一定易燃范围的气体。化学不稳定气体指在没有空气或氧气时也能极为迅速地反应的易燃气体，如乙炔、丙二烯等。

（3）气溶胶指喷雾器内装压缩、液化或加压溶解的气体，并配有释放装置以使内装物喷射出来，在气体中形成悬浮的固态或液态微粒或形成泡沫、膏剂或粉末，或者以液态或气态形式出现。

（4）氧化性气体指采用《化学品危险性分类试验方法　气体和气体混合物燃烧潜力和氧化能力》（GB/T 27862—2011）规定方法确定的氧化能力大于23.5%的纯净气体或气体混合物。

（5）加压气体指在 20 ℃下，压力等于或大于 200 kPa（表压）下装入储器的气体，或液化气体或冷冻液化气体。加压气体包括压缩气体、液化气体、溶解气体、冷冻液化气体。

（6）易燃液体指闪点不大于 93 ℃的液体。

（7）易燃固体指容易燃烧的固体，通过摩擦引燃或助燃的固体。其与点火源（如着火的火柴）短暂接触容易点燃且火焰迅速蔓延的粉状、颗粒或糊状物质的固体。

（8）自反应物质和混合物指即使没有氧气（空气）也容易发生激烈放热分解的热不稳定液态或固态物质或者混合物。

（9）自热物质和混合物指除自燃液体或自燃固体外，在空气中不需要能量供应就能够自热的固态、液态物质或混合物，如甲醇钾、连二亚硫酸钠和金属钙粉等。

（10）自燃液体指即使数量小也能在与空气接触 5 min 内着火的液体，如三溴化三甲基二铝、二甲基锌、二氯化乙基铝、三异丁基铝等。

（11）自燃固体指即使数量小也能在与空气接触 5 min 内着火的固体，如白磷、二苯基镁、二甲基镁、金属锶等。

（12）遇水放出易燃气体的物质和混合物指通过与水作用，容易具有自燃性或放出危险数量的易燃气体的固态或液态物质和混合物。

（13）金属腐蚀物指通过化学作用会显著损伤甚至毁坏金属的物质或混合物。

（14）氧化性液体指本身未必可燃，但通常会放出氧气，可能引起或促使其他物质燃烧的液体。

（15）氧化性固体指本身未必可燃，但通常会放出氧气，可能引起或促使其他物质燃烧的固体。

（16）有机过氧化物指可发生放热自加速分解、热不稳定的物质或混合物，具有一种或多种下列性质：易于爆炸分解、迅速燃烧、对撞击或摩擦敏感、与其他物质发生危险反应。

（17）急性毒性指经口或经皮肤给予物质的单次剂量或在 24 h 内给予的多次剂量，或者 4 h 吸入接触发生的急性有害影响。

（18）皮肤腐蚀指对皮肤能造成不可逆损害的结果，即施用试验物质 4 h 内，可观察到表皮和真皮坏死。典型的腐蚀反应具有溃疡、出血、血痂的特征，而且在 14 d 观察期结束时，皮肤、完全脱发区域和结痂处由于漂白而褪色。皮肤刺激是指施用试验物质达到 4 h 后对皮肤造成可逆损害的结果。

（19）严重眼损伤指将受试物施用于眼睛前部表面进行暴露接触，引起了眼部组织损伤，或出现严重的视觉衰退，且在暴露后的 21 d 内尚不能完全恢复。眼刺激指将受试物滴入眼内表面，眼睛产生变化，但在 21 d 内可完全恢复。

（20）呼吸道致敏物指吸入后会导致呼吸道过敏的物质。皮肤致敏物指皮肤接触后会导致过敏的物质。

（21）细胞中遗传物质的数量或结构发生的永久性改变称为突变。生殖细胞致突变性指化学品引起人类生殖细胞发生可遗传给后代的突变。

（22）致癌物指可导致癌症或增加癌症发病率的物质或混合物，分为已知或假定的人类致癌物和可疑的人类致癌物两类。

（23）生殖毒性指对成年雄性和雌性的性功能和生育能力的有害影响，以及对子代的发育毒性。

（24）特异性靶器官毒性——一次接触指一次接触物质和混合物引起的特异性、非致死性靶器官毒性作用，包括所有明显的健康效应，可逆的和不可逆的、即时的和迟发的功能损害。

（25）特异性靶器官毒性——反复接触指反复接触物质和混合物引起的特异性、非致死性的靶器官毒性作用，包括所有明显的健康效应，可逆的和不可逆的、即时的和迟发的功能损害。

（26）吸入危害指液态或固态化学品通过口腔或鼻腔直接进入或者因呕吐间接进入气管和下呼吸道系统。

（27）对水生环境的危害分为以下几种情况。

1）急性水生毒性：可对水中短期接触该物质的生物体造成伤害，是物质本身的性质。

2）急性（短期）危害：化学品的急毒性对在水中短时间暴露的水生生物造成的危害。

3）慢性水生毒性：可对水中接触该物质的生物体造成有害影响，接触时间根据生物体的生命周期确定，是物质本身的性质。

4）长期危害：化学品的慢毒性对在水中长期暴露的水生生物造成的危害。

5）无可见效应浓度：试验浓度刚好低于在统计上有效的有害影响的最低测得浓度。

（28）对臭氧层的危害物包括《关于消耗臭氧层物质的蒙特利尔议定书》附件中列出的任何受管制物质，或任何混合物至少含有一种浓度不小于0.1%的被列入《关于消耗臭氧层物质的蒙特利尔议定书》附件的组分。

2. 什么是闪点？

闪点是指在规定的试验条件下，可燃性液体或固体表面产生的蒸气与空气形成的混合物，遇火源能够闪燃的液体或固体的最低温度。它是表示可燃性液体在储存、运输和使用过程中燃爆危险性的一个重要指标，同时也是可燃性液体的挥发性指标。闪点低的可燃性液体，挥发性高，容易着火，安全性较差。例如，汽油和柴油相比，汽油闪点在45 ℃以下，柴油闪点在45 ℃以上，在化工生产过程中，汽油更容易引起燃爆事故，安全性低于柴油。

闪点在危险化学品安全管理中有着重要意义。在《建筑设计防火规范（2018

年版)》（GB 50016—2014）中，闪点是可燃液体生产、储存场所火灾危险性分类的重要依据；在《石油化工企业设计防火标准（2018 年版)》（GB 50160—2008）中，闪点是甲、乙、丙类危险液体分类的依据。

3. 什么是着火点?

可燃物质在空气充足的条件下，当达到一定温度后与火源接触后即着火，移去火源后仍能持续燃烧 5 min 以上，这种现象叫点燃。点燃的最低温度称为着火点。可燃液体的着火点一般高于闪点 5~20 ℃。但闪点在 100 ℃以下时，两者往往相同。在没有闪点数据的情况下，也可以用着火点表征物质的火灾爆炸危险程度。

4. 什么是最小引燃能?

最小引燃能是初始燃烧所需要的最小能量。所有可燃性物质（包括粉尘）都有最小引燃能。最小引燃能依赖于特定的化学物质或混合物的浓度、压力和温度。

试验数据表明，最小引燃能随着压力的增加而降低。一般情况下，粉尘的最小引燃能在能量等级上比可燃气体高；氮气浓度的增加导致最小引燃能增大。

许多碳氢化合物的最小引燃能大约为 22 mJ，这与引燃源相比是很低的。例如，在地毯上行走引发的静电放电的能量为 22 mJ，通常的火花塞所释放的能量为 25 mJ。流体流动所引起的静电放电也具有超出可燃物质最小引燃能的能量等级，也能够提供引燃源，导致爆炸。

5. 什么是自燃点?

自燃点是指可燃物质在助燃性气体中加热而没有外来火源（常温中自行发热或由于物质内部反应过程所提供的热量积聚起来）的条件下起火燃烧的最低温度。例如，处理硫化氢的设备，硫化氢腐蚀生成硫化亚铁，硫化亚铁与空气发生反应放热，迅速自燃。再如，油脂类浸到木屑、棉纱等物质中，会形成很大的氧化表面积，发生自燃。自燃点是评定可燃物火灾爆炸危险的主要安全数据，是可燃物储存、运输和使用的一个安全指标。自燃点越低，可燃物质发生自燃火灾的危险性就越大。

自燃点在危险化学品安全管理中有着重要意义。例如，根据《石油化工企业设计防火标准（2018 年版）》（GB 50160—2008）5.3.2 的规定，在进行装置规划时，若操作温度等于或高于自燃点的可燃液体泵上方，布置操作温度低于自燃点的甲、乙、丙类可燃液体设备时，封闭式楼板应为不燃材料无泄漏楼板。此项安全措施是为了防止危险化学品由于自燃发生起火爆炸事故。原因是：若在操作温度等于或高于自燃点的可燃液体泵上方布置操作温度低于自燃点的甲、乙、丙类可燃液体设备，可燃液体一旦泄漏落到下方操作温度等于或高于自燃点的泵上，就可能被引燃。再如，有些遇水放出易燃气体的物质（如碳金属、硼氢化合物），放置于空气中即具有自燃性，有的（如钾）遇水能生成可燃气体放出热量而具有自燃性。因此，这类物质的储存必须与水及潮气隔离。

总之，无论是受热燃烧还是自热燃烧都是由于热量的积累导致可燃物的温度升高而自燃。因此，防止自燃的关键是防止热量积聚。

6. 什么是沸点？

沸腾是在一定温度下液体内部和表面同时发生的剧烈汽化现象。沸点是液体沸腾时候的温度，也就是液体的饱和蒸气压与外界压强相等时的温度。液体浓度越高，沸点越高。液体的沸点跟外部压强有关，当液体所受的压强增大时，它的沸点升高；压强减小时，沸点降低。

沸点在危险化学品安全管理中有着重要意义。例如，《石油化工企业设计防火标准（2018 年版）》（GB 50160—2008）第 6.2.3 条规定，储存沸点低于 45 ℃的甲$_B$类液体宜选用压力或低压储罐。这是为了防止液体沸腾发生危险。储存沸点低于 45 ℃的甲$_B$类液体，一般情况下，其储存温度下的饱和蒸气压大于或等于 88 kPa，除了采用压力储罐储存外，还可以采用冷冻式储罐储存或采用低压固定顶罐储存。

7. 什么是凝固点？

凝固点是晶体物质凝固时的温度，不同晶体的凝固点不同。在一定压强下，任何晶体的凝固点与其熔点相同。同一种晶体，凝固点与压强有关。晶体凝固点随压强的变化有 2 种不同的情况：对于大多数物质，熔化过程是体积变大的过程，当压强增大时，这些物质的熔点要升高；对于像水这样的物质，与大多数物质不同，冰融化成水的过程体积要缩小（金属铋、锑等也是如此），当压强增大时冰的熔点要降低。在凝固过程中，液体转变为固体，同时放出热量。因此，物质的温度高于凝固点时处于液体，低于凝固点时就处于固态。非晶体物质无凝固点。

如果液体中溶有少量其他物质或杂质，即使数量很少，物质的凝固点也会有很大的变化。例如，水中溶有盐，凝固点就会明显下降，海水就是溶有盐的水，海水冬天结冰的温度比河水低就是这个原因。所以，溶有杂质是影响凝固点的重要因素。

8. 什么是爆炸极限?

爆炸极限是指可燃物质（可燃气体、蒸气或粉尘）与空气（或氧气）必须在一定的浓度范围内均匀混合，形成预混气，遇着火源才会发生爆炸，这个浓度范围称为爆炸极限。通常用可燃气体、蒸气或粉尘在空气中的体积百分比来表示。该范围的最低浓度称为爆炸下限，最高浓度称为爆炸上限。例如，氯乙烯的爆炸极限是3.6%~31%，那么，氯乙烯与空气（或氧气）混合物中氯乙烯体积比在3.6%~31%时，才有爆炸的危险。当氯乙烯在混合物中体积占比低于3.6%时，空气所占比例很大，氯乙烯浓度不足，不会发生爆炸；当氯乙烯在混合物中体积占比高于31%时，空气（或氧气）不足，不会发生爆炸，若此时补充空气（或氧气），是有爆炸危险的，所以对爆炸上限以上的可燃气与空气（或氧气）混合气不能认为是安全的。

可燃性混合物的爆炸极限范围越宽、爆炸下限越低和爆炸上限越高时，其爆炸危险性越大。这是因为爆炸极限越宽则出现爆炸的可能性就越高；爆炸下限越低则可燃物稍有泄漏就会形成爆炸条件；爆炸上限越高，则有少量空气渗入容器，就能与容器内的可燃物混合形成爆炸条件。

9. 什么是相对密度?

相对密度是指物质的密度与参考物质的密度在各自规定的条件下之比，参考物质一般是水或空气（水=1，空气=1）。例如，在同等条件下同样大小的容器中，某种气体的质量是空气的 60%，那么此种气体的相对密度是 0.6。

在化工安全生产中，可以根据某些物质的相对密度，确定灭火救援措施。例如，相对密度（水=1）<1 的易燃和可燃液体发生火灾时不应用水扑救，因为它会浮在水面上，非但扑不灭，反而会随水流散，扩大损失。相对密度（空气=1）>1 的易燃气体和蒸气，容易扩散和空气形成爆炸性混合物，容易沿地面、沟渠远距离流动，如遇明火，会发生返燃。在确定库房通风口位置时，也要根据物质与空气的相对密度：对于相对密度>1 的易燃气体和蒸气，库房通风口位置应该设置在下方；对于相对密度<1 的易燃气体和蒸气，库房通风口位置应该设置在上方。

二、典型危险化学品危险特性

1. 危险化学品主要危险特性有哪些？

不同危险化学品的危险特性各有特点，同一化学品在不同条件下的危险特性也有变化。

（1）爆炸物的危险特性。爆炸物具有化学不稳定性，在一定的作用下能以极快的速度发生猛烈的化学反应，产生的大量气体和热量在短时间内无法逸散开去，致使周围的温度迅速上升和产生巨大的压力而引起爆炸。爆炸需要外界供给一定的能量，即起爆能。不同的爆炸品需要不同的起爆能。

爆炸还有殉爆危险特性。当炸药爆炸时，能引起位于一定距离之外的炸药也发生爆炸，这种现象称为殉爆。殉爆发生的原因是冲击波的传播作用，距离越近冲击波强度越大。

（2）气体类化学品的危险特性。气体类化学品包括易燃气体、易燃气溶胶、氧化性气体、加压气体 4 类。

硫化氢、氯气、一氧化碳、氮气等气体具有毒性、窒息性或腐蚀性，不仅可引起人畜中毒、窒息，还会使皮肤、呼吸道黏膜等受到严重刺激和灼伤而危及生命。当大量压缩或液化气体及其燃烧后的直接生成物扩散到空气中时，空气中氧的含量降低，人也会因缺氧而窒息。

气体无固定的形状和体积，泄漏后在空气中能够很快扩散，易燃气体遇火源能燃烧，与空气混合到一定浓度会发生爆炸。爆炸下限越低，爆炸范围越宽，爆炸危险性越大。比空气重的气体，往往沿地面扩散、聚集在房间死角中或低洼处，长时间积聚不散，燃烧、爆炸危险性很大；毒性气体容易造成大面积人员中毒。

有些气体的化学性质很活泼，可与很多物质发生反应。例如，乙炔、乙烯与氯气混合遇日光会发生爆炸；液态氧与有机物接触能发生爆炸；压缩氧与油脂接触能发生自燃。氧化性气体具有助燃作用，在火场中能增大火势，同时使一些不易燃烧的物质容易燃烧或加剧燃烧。

当化学品受热、撞击或强烈振动时，盛装化学品的容器内压会急剧增大，致使容器破裂爆炸，或导致气瓶阀门松动漏气，酿成火灾或中毒事故。

（3）易燃液体的危险特性。易燃液体具有高度的易燃易爆性和一定的毒害性。

易燃液体通常容易挥发，闪点和燃点较低，其蒸气与空气易形成爆炸性混合物，遇火源、火花容易发生燃烧或爆炸。有些液体蒸气的密度比空气大，容易聚集在低洼处，不易扩散，更增加了着火、爆炸的危险。易燃液体闪点越低，着火危险性越大。

易燃液体的黏度都很小，容易流淌，还因渗透、浸润及毛细现象等作用扩大其表面积，加快挥发速率，使空气中的蒸气浓度增大，增加了燃烧爆炸的危险。

易燃液体电阻率较大，在受到摩擦、振动或流速较高时极易产生静电，聚集到一定程度，就会因放电产生电火花而引起燃烧爆炸事故。一般情况下，电阻率>10^{10} Ω · m时，如石油产品，会有显著的静电危害，必须采取防静电措施。

一些易燃液体的热膨胀系数较大，容易膨胀，同时受热后蒸气压也较高，从而使密闭容器内的压力升高。当容器内压力超过容器所能承受的压力时，容器就会发生爆裂甚至爆炸。因此，易燃液体在灌装时，容器内要留有5%以上的空间。

绝大多数易燃液体及其蒸气具有一定的毒性，食入、通过皮肤接触或经呼吸道进入人体，会导致人员中毒，甚至死亡。

（4）易燃固体的危险特性。易燃固体的熔点、燃点、自燃点以及分解温度较低，受热容易熔融、分解或气化。在能量较小的热源和撞击下，很快达到燃点而着火，燃烧速度也较快。如红磷，在常温下只要有能量很小的着火源与之作用即能燃烧。

易燃固体具有可分散性与可氧化性。物质的颗粒越细，其表面积越大，分散性就越强，氧化作用也就越容易，燃烧也就越快，爆炸危险性则越强。当固体粒度小于0.01 mm时，可悬浮于空气中，能与空气中的氧气发生氧化作用。易燃固体与氧化剂接触能发生剧烈反应而引起燃烧或爆炸。例如，红磷与氯酸钾接触，硫黄粉与氯酸钾或过氧化钠接触就会立即发生燃烧爆炸。

某些易燃固体具有热分解性，其受热后不熔融，而易发生分解。热分解的温度高低直接影响危险性大小，受热分解温度越低的物质，其火灾爆炸危险性就越大。很多易燃固体本身具有毒害性，或燃烧后能产生有毒的物质，如二硝基苯酚、硫黄、五硫化二磷。

（5）自燃、自热、自反应物质的危险特性。由于化学性质非常活泼，这类物质具有极强的还原性，接触空气后能迅速与空气中的氧化合，并产生大量的热，达到其自燃点而着火，如黄磷、硫化亚铁、烷基铝等。

这类物质多为含有较多不饱和双键的化合物，遇氧或氧化剂容易发生氧化反应，并放出热量。如果通风不良，热量聚集不散，致使温度继续升高，又会加快氧化反应速率，产生更多的热量，导致温度继续升高，最终会因积热达到自燃点而引起自燃。

有些物质受热易分解并放出热量，由于热量不能及时扩散而导致物质温度升高，最后发生剧烈分解；有些物质会由于分解放热，温度到达自燃点而着火，如赛璐珞、硝化棉及其制品等。

（6）遇水放出易燃气体物质的危险特性。这类物质遇水后发生剧烈反应，产生大量易燃气体并放出大量热量。当易燃气体遇明火或由于反应放出的热量达到自燃温度时，就会发生着火爆炸，如金属钠、金属钾等。有些物质不仅遇水易燃，而且在潮湿空气中能自燃，在高温下反应会更加强烈，放出易燃气体和热量而导致火灾。放出易燃气体的物质大都有很强的还原性，当遇到氧化剂或酸时反应会更加剧烈。有些遇水放出易燃气体的物质（如钠汞齐、钾汞齐等）本身具有毒性，有些遇湿后还可放出有毒气体。

（7）氧化性物质的危险特性。由于其强氧化性具有助燃作用，这类物质在火场中能增大火势而使燃烧加剧，导致事态扩大。这类物质与易燃、可燃物混合，极易形成危险的产物，有的立即着火甚至爆炸，有的对撞击、摩擦敏感，遇火源、受撞击、摩擦时极易引起燃烧或爆炸，如黑火药、氯酸钾与硫黄的混合物等。

有些氧化剂，如硝酸盐、氯酸盐等，受热或受摩擦、撞击等作用时，极易分解并放出大量热量，此时如遇易燃、可燃特别是粉末状物质，则会发生剧烈的化学反应而引起燃烧，甚至爆炸。有些氧化剂具有一定的毒性和腐蚀性，能毒害人体，腐蚀烧伤皮肤。

（8）有机过氧化物的危险特性。这类物质具有分解爆炸性。由于含有极不稳定的过氧基，对热、振动、撞击和摩擦都极为敏感，极易发生分解、爆炸。许多有机过氧化物易燃，且燃烧迅速而猛烈。如过氧化环己酮、叔丁基过氧化氢、过氧化二乙酰等有机过氧化物，对眼睛有伤害作用。

（9）金属腐蚀物的危险特性。金属腐蚀物具有强烈的腐蚀性、氧化性和毒害性。人体直接接触这些物品后，会引起表面灼伤或发生破坏性创伤，特别是接触氢氟酸时，能发生剧痛，使组织坏死，若不及时治疗，会导致严重的后果。当人们吸入腐蚀物挥发出的蒸气或飞扬到空气中的粉尘时，会造成呼吸道黏膜损伤，引起咳嗽、呕吐、头痛等。

腐蚀物能夺取有机物中的水分，破坏其组织成分并使之炭化。在腐蚀性物品中，无论是酸还是碱，对金属均能产生不同程度的腐蚀作用而导致设备失效。浓硫酸、硝酸、氯磺酸等都是氧化性很强的物质，与还原剂接触易发生强烈的氧化还原反应，放出大量热量。多数腐蚀物具有不同程度的毒性，如发烟氢氟酸、发烟硫酸等，吸入其烟雾，对人体毒害性极大。

2. 氯的危险特性有哪些？

氯在常温常压下为黄绿色、有刺激性气味的有毒气体，相对蒸气密度（空气=1）2.5，相对密度（水=1）1.41（20 ℃），加压液化或冷冻液化后为黄绿色油状液体。其危险特性主要体现在以下 3 个方面。

（1）剧毒。氯是一种强烈的刺激性气体，能通过口、鼻、皮肤侵入人体造成中毒，重者发生肺泡性水肿、急性呼吸窘迫综合征、严重窒息、昏迷或休克，可出现气胸、纵隔气肿等并发症。吸入高浓度氯气可致死。氯气泄漏时对周边公众的主要风险是造成人员中毒，公众将被迫疏散转移。

（2）助燃。氯气本身不燃，但具有助燃性，易扩散，一般可燃物都能在氯气中燃烧，一般易燃气体或蒸气也都能与氯气形成爆炸性混合物。包装容器受热有爆炸的危险。

（3）强氧化性。氯是很活泼的元素，是一种强氧化剂，与水反应生成有毒的次氯酸和盐酸。与氢氧化钠、氢氧化钾等碱反应生成次氯酸盐和氯化物。液氯与可燃物、还原剂接触会发生剧烈反应。与汽油等石油产品、烃、氨、醚、松节油、醇、乙炔、二硫化碳、氢气、金属粉末和磷接触能形成爆炸性混合物。

3. 氨的危险特性有哪些？

氨在常温常压下为无色气体，有强烈刺激性气味。一般以液态形式储存在耐压钢瓶中，液氨在温度变化时，体积变化的系数很大。氨相对蒸气密度（空气=1）0.59，相对密度（水=1）0.7（−33 ℃），爆炸极限15%~30.2%（体积比）。其危险特性主要体现在以下3个方面。

（1）有毒。对眼、呼吸道黏膜有强烈刺激和腐蚀作用。急性氨中毒引起眼和呼吸道刺激症状、支气管炎或支气管周围炎、肺炎。重度中毒者可发生中毒性肺水肿。高浓度氨可引起反射性呼吸和心搏停止。

（2）极易燃。氨气与空气（或氧气）混合能形成爆炸性混合物，遇明火、高热引起燃烧爆炸。

（3）引起冻伤。若液氨容器阀门损坏或者容器破裂发生泄漏，液氨会迅速气化，吸收大量的热，使环境温度迅速降低，可导致事故现场人员发生冻伤。

4. 硫化氢的危险特性有哪些？

硫化氢是无色气体，低浓度时有臭鸡蛋味，高浓度时使嗅觉迟钝。硫化氢相对密度（水=1）1.539，相对蒸气密度（空气=1）1.19，闪点−60 ℃，爆炸极限4.0%~46.0%（体积比）。其危险特性主要体现在以下2个方面。

（1）强烈的神经毒物。高浓度吸入可发生猝死，谨慎进入工业下水道（井）、污水井、取样点、化粪池、密闭容器，以及下敞开式、半敞开式坑、槽、罐、沟等危险场所。

（2）极易燃。与空气混合能形成爆炸性混合物，遇明火、高热能引起燃烧爆炸。气体比空气重，能在较低处扩散到相当远的地方，遇火源会着火回燃。

5. 液化石油气的危险特性有哪些?

液化石油气是由石油加工过程中得到的物质，主要组成成分为丙烷、丙烯、丁烷、丁烯，并含有少量戊烷、戊烯和微量硫化氢等杂质。液化石油气闪点-80~-60 ℃，相对密度（水=1）0.5~0.6，相对蒸气密度（空气=1）1.5~2.0，爆炸极限5%~33%（体积比）。其危险特性主要体现在以下3个方面。

（1）极易燃易爆。液化石油气爆炸极限较宽，与空气混合能形成爆炸性混合物，遇热源或明火有燃烧爆炸危险，爆炸速度快，爆炸威力大，破坏性强。比空气重，能在较低处（坑、沟、下水道等）扩散到相当远的地方，遇点火源会着火回燃。

（2）有毒。高浓度的液化石油气被人大量吸入体内，就会中毒。主要侵犯中枢神经系统。

（3）引起冻伤。若储存液化气的设备、容器、管线、钢瓶、储罐等破裂，大量液化气喷出，由液态急剧减压变为气态，大量吸热，结霜冻冰。如果喷到人的身上，会引起冻伤。

6. 丁二烯的危险特性有哪些?

丁二烯通常指1，3-丁二烯，是无色气体，有芳香味，易液化。相对密度（水=1）0.6，相对蒸气密度（空气=1）1.87，闪点-76 ℃，爆炸极限1.4%~16.3%（体积比）。其危险特性主要体现在以下3个方面。

（1）极易燃易爆。与空气混合能形成爆炸性混合物，接触热、点火源或氧化剂易发生燃烧爆炸。比空气重，能在较低处扩散到相当远的地方，遇火源会着火回燃。

（2）丁二烯极易与氧发生氧化反应，自聚生成活泼的过氧化自聚物。实验显示：丁二烯气相氧含量>1.2%时就会反应生成爆炸性过氧化自聚物。过氧化自聚物受撞击或受热时会急剧分解自燃引起爆炸，同时分解产生活性自由基。

（3）丁二烯过氧化自聚物在高温或在 Fe^{2+} 等催化性金属离子催化下可断裂成活性自由基，活性自由基与丁二烯分子再次发生聚合，形成端基聚合物，使聚合物分子快速增大，体积急剧膨胀，堵塞管线设备，最终导致设备胀裂。

7. 环氧乙烷的危险特性有哪些？

环氧乙烷在常温下为无色气体，低温时为无色易流动液体。相对密度（水=1）0.87，相对蒸气密度（空气=1）1.5，闪点<-18 ℃，爆炸极限 3.0%~100%（体积比）。其危险特性主要体现在以下 3 个方面：

（1）极易燃易爆。环氧乙烷蒸气能与空气形成范围广阔的爆炸性混合物，遇高热和明火有燃烧爆炸危险。蒸气比空气重，能在较低处扩散到相当远的地方，遇火源会着火回燃和爆炸。与空气的混合物快速压缩时，易发生爆炸。

（2）可致中枢神经系统、呼吸系统损害，重者引起昏迷和肺水肿。可出现心肌损害和肝损害。可致皮肤损害和眼灼伤。

（3）致癌物。

8. 氯乙烯的危险特性有哪些？

氯乙烯是无色、有醚样气味的气体，相对密度（水=1）0.91，相对蒸气密度（空气=1）2.2，闪点-78 ℃，爆炸极限 3.6%~31.0%（体积比）。其危险特性主要体现在以下 3 个方面。

（1）极易燃易爆。与空气混合能形成爆炸性混合物，遇热源和明火有燃烧爆炸的危险。比空气重，能在较低处扩散到相当远的地方，遇火源会着火回燃。

（2）可经呼吸道进入人体内，液体污染皮肤也可经皮肤吸收进入人体。可致肝血管肉瘤。

（3）致癌物。

9. 原油的危险特性有哪些？

原油即石油，是一种黏稠的、深褐色（有时有点绿色的）的流动或半流动的液体，略轻于水。它由不同的碳氢化合物混合组成，其主要组成成分是烷烃，还含有硫、氧、氮、磷、钒等元素。其危险特性主要体现在以下 2 个方面：

（1）易燃易爆。原油蒸气可与空气形成爆炸性混合气，遇明火或热源有燃烧爆炸危险。油品流散可能扩大燃烧面积，如果发生沸溢或者喷溅，会扩大火势造成大面积火灾。

（2）低毒。原油蒸气或伴生气一般属于微毒、低毒类物质，对健康危害最典型的是苯及其衍生物，长期接触含苯的新鲜石油可引起白血病发病率的增加。

10. 汽油、石脑油的危险特性有哪些?

汽油在常温下为无色至淡黄色、具有典型石油烃气味的透明液体。依据《车用汽油》（GB 17930—2016）生产的车用无铅汽油，相对密度（水=1）0.70~0.80，相对蒸气密度（空气=1）3~4，闪点约为-46 ℃，爆炸极限 1.4%~7.6%（体积比）。石脑油主要成分为 C_4~C_6 的烷烃，相对密度（水=1）0.78~0.97，闪点-2 ℃，爆炸极限 1.1%~8.7%（体积比）。

汽油和石脑油的危险特性主要体现在燃烧和爆炸危险性上：高度易燃，蒸气与空气能形成爆炸性混合物，遇明火、高热能引起燃烧爆炸；高速冲击、流动、激荡后可因产生静电火花放电引起燃烧爆炸；蒸气比空气重，能在较低处扩散到相当远的地方，遇火源会着火回燃和爆炸。

11. 苯的危险特性有哪些?

苯是无色透明液体，有强烈芳香味。苯的相对密度（水=1）0.88，相对蒸气密度（空气=1）2.77，闪点-11 ℃，爆炸极限 1.2%~8.0%（体积比）。其危险特性主要体现在以下 3 个方面。

（1）高度易燃。苯蒸气与空气能形成爆炸性混合物，遇明火、高热能引起燃烧爆炸。蒸气比空气重，能在较低处扩散到相当远的地方，遇火源会着火回燃和爆炸。

（2）有毒。吸入高浓度苯对中枢神经系统有麻醉作用，引起急性中毒；长期接触苯对造血系统有损害，引起白细胞和血小板减少，重者导致再生障碍性贫血，可引起白血病。具有生殖毒性。

（3）致癌物。

12. 硝酸铵的危险特性有哪些?

硝酸铵是无色无臭的透明结晶或呈白色的小颗粒，有潮解性，熔点 169.6 ℃，沸点 210 ℃（分解），相对密度（水=1）1.72。其危险特性主要体现在以下 2 个方面。

（1）助燃。硝酸铵与易（可）燃物混合或急剧加热会发生爆炸。受强烈振动也会起爆。

（2）强氧化性。硝酸铵是强氧化剂，与还原剂、有机物、易燃物如硫、磷或金属粉末等混合可形成爆炸性混合物。

13. 电石的危险特性有哪些?

电石的化学名称为碳化钙，是一种无色晶体。工业电石为黑色块状固体，断面为紫色或灰色。其危险特性主要体现在以下 2 个方面。

（1）遇湿易燃。碳化钙本身稳定，但遇湿易燃，与水、醇类、酸类等禁配物接触会生成高度易燃易爆的乙炔，有发生火灾和爆炸的危险。

（2）有毒。电石会损害皮肤，引起皮肤瘙痒、炎症、“鸟眼”样溃疡、黑皮病。

14. 硝基苯的危险特性有哪些?

硝基苯是淡黄色透明油状液体，有苦杏仁味。硝基苯的相对密度（水=1）1.20，相对蒸气密度（空气=1）4.25，闪点 87.7 ℃。其危险特性主要体现在以下 3 个方面。

（1）遇明火、高热可燃烧爆炸。

（2）经呼吸道和皮肤吸收。主要引起高铁血红蛋白血症，可引起溶血及肝损害。

（3）可疑人类致癌物。

思考题

1. 危险化学品的危险特性受哪些因素影响?
2. 如何根据危险化学品的危险特性，制定重大危险源安全管理措施?

3. 在进行重大危险源事故应急处置时，应特别关注危险化学品的哪些特性？

第四节 重大危险源风险知识

一、重大危险源的风险认知

1. 如何正确认识安全与风险的关系？

有什么样的安全观或安全理念，就有什么样的安全意识；有什么样的安全意识，就有什么样的安全行为；有什么样的安全行为，就有什么样的安全结果。安全理念不同，其安全结果也会不同，只有秉持积极的、正确的安全理念，才能够获得期望的安全结果。

根据系统安全工程的观点，危险是指系统中存在导致发生不期望后果的可能性超过了人们的承受程度。换个角度讲，安全即为风险可接受的状态，而危险就是风险不可接受的状态。

系统工程中的安全概念，认为世界上没有绝对安全的事物，任何事物中都包含有不安全因素，具有一定的危险性。安全是一个相对的概念，危险性是对安全性的隶属度；当危险性低于某种程度时，人们就认为是安全的。安全工作贯穿于系统整个寿命期间。

一般用风险度来表示危险的程度。在安全生产管理中，风险用生产系统中事故发生的可能性与严重性的结合给出，即

$$R=f(F,\ C) \tag{1-3}$$

式中 R——风险；

F——发生事故的可能性；

C——发生事故的严重性。

从式 1-3 可以看出，由于物质的存在，风险的存在是绝对的；但是由于可能性和严重性的变化，导致安全是相对的。从广义来说，风险可分为自然风险、社会风险、经济风险、技术风险和健康风险 5 类；对于安全生产的日常管理来说，可分为人、机、环境、管理 4 类风险。

2. 系统安全理论对重大危险源的风险管理有什么指导意义？

系统安全是指在系统寿命周期内应用系统安全管理及系统安全工程原理，识别危险源并使其危险性减至最小，从而使系统在规定的性能、时间和成本范围内达到最佳的安全程度。系统安全的基本原则是在一个新系统的构思阶段就必须考虑其安全性的问题，制定并开始执行安全工作规划即系统安全活动，并且把系统安全活动贯穿于系统寿命周期，直到系统报废为止。

根据系统安全理论，我们可以得出以下观点。

（1）在事故致因理论方面，改变了人们只注重操作人员的不安全行为而忽略硬件的故障在事故致因中作用的传统观念，开始考虑如何通过改善物的系统的可靠性来提高复杂系统的安全性，从而避免事故。因此在重大危险源的管理中，既要关注从业人员在重大危险源装置生产运行过程中的操作正确，又要注意重大危险源装置本质安全水平的改善，在设计阶段关注本质安全水平，通过更加科学、合理的设计，从装置运行的本质安全方面入手，提高后期运行水平。

（2）没有任何一种事物是绝对安全的，任何事物中都潜伏着危险因素。通常所说的安全或危险只不过是一种主观的判断。能够造成事故的潜在危险因素称为危险源，来自某种危险源的造成人员伤害或物质损失的可能性称为危险。危险源是一些可能出问题的事物或环境因素，而危险表征潜在的危险源造成伤害或损失的机会，可以用概率来衡量。重大危险源装置便是如此，由于重大危险源中危险化学品超过临界量，因此任何重大危险源均具有足够的条件导致事故的发生。

（3）由于人的认识能力有限，有时不能完全认识危险源和危险，即使认识了现有的危险源，随着技术的进步又会产生新的危险源。受技术、资金、劳动力等因素的限制，对于认识了的危险源也不可能完全根除，因此，只能把危险降低到可接受的程度，即可接受的危险。安全工作的目标就是控制危险源，努力把事故发生概率降到最低，万一发生事故，把伤害和损失控制在最低程度上。在针对重大危险源的一系列管理中，定量风险评价就是这样一种运用底线思维开展风险评价的工作；同时，针对重大危险源，可编制各类应急预案，应急预案中应涵盖可能发生的事故类型和不同事故规模造成的影响内容；在此基础上，不断通过强化保护层的作用来弥补可能出现的管理、技术、人员方面的漏洞，以持续改进的逻辑不断加强对未知部分的掌控，以控制不可知的风险。

二、危险化学品燃烧、爆炸风险

1. 什么是燃烧？哪些因素可以影响燃烧？

燃烧是可燃物质与助燃物质（氧或其他助燃物质）发生的一种发光发热的氧化反应。应注意，氧化反应并不限于同氧的反应。例如，氢在氯中燃烧生成氯化氢。类似地，金属钠在氯气中燃烧，炽热的铁在氯气中燃烧，都是激烈的氧化反应，并伴有光和热的发生。金属和酸反应生成盐也是氧化反应，但没有同时发光发热，所以不能称为燃烧。所以，燃烧一定伴随发光发热，只有同时发光发热的氧化反应才被界定为燃烧。

燃烧的物质可以是固体、液体或气体，但是燃烧大多数是发生在气相，在燃烧发生之前，液体挥发为蒸气，固体分解放出蒸气。

可燃物质、助燃物质和点火源是可燃物质燃烧的三个基本要素，是发生燃烧的必要条件。三个要素中缺少任何一个，燃烧便不会发生。对于正在进行的燃烧，只要充分控制三个要素中的任何一个，燃烧就会终止。

应该注意，有时虽然已具备了这三个条件，燃烧也不一定发生。这是因为燃烧还必须有充分的条件，只有当可燃物与助燃物达到一定的比例，且点火能量足够时才能引起燃烧。这意味着：没有可燃物或可燃物的量不足、没有助燃物或助燃物的量不足、没有点火能量或点火能量不足以引发燃烧这 6 点就是燃烧的必要且充分的条件，它为燃烧的控制指出了明确的方向。

在重大危险源场所，常见的可燃物有：气体，如天然气、氯乙烯、丙烯、乙烯、乙炔、丙烷、一氧化碳、氢气等；液体，如汽油、甲苯、甲醇、乙醇、丙酮、戊烷、原油等；固体，如硫黄、木料、金属颗粒、塑料等。

常见的氧化剂有：气体，如氧气、氟气、氯气等；液体，如过氧化氢、硝酸、高氯酸、浓硫酸等；固体，如高锰酸钾、过氧化钠、超氧化钾等。

常见的点火源有：电火花、明火、高温热表面、静电放电、摩擦火花等。

2. 燃烧的过程是如何发展的？燃烧应该如何分类？

可燃物质可以是固体、液体或气体，绝大多数可燃物质的燃烧是在气体（或蒸气）状态下进行的，燃烧过程随可燃物质聚集状态的不同而异。

气体最易燃烧，只要提供相应气体的最小点火能，便能着火燃烧。其燃烧形式分为2类：一类是可燃气体和空气（或氧气）预先混合成混合可燃气体的燃烧，这种燃烧称为混合燃烧，混合燃烧由于燃料分子已与氧分子充分混合，所以燃烧时速度很快，温度也高，通常混合气体的爆炸反应就属这种类型；另一类就是将可燃气体，如煤气，直接由管道中放出点燃，在空气中燃烧，这时可燃气体分子与空气中的氧分子通过互相扩散，边混合边燃烧，这种燃烧称为扩散燃烧。

液体燃烧，许多情况下并不是液体本身燃烧，而是在热源作用下由液体蒸发所产生的蒸气与氧发生氧化、分解以至着火燃烧，这种燃烧称为蒸发燃烧。

固体燃烧，如果是简单固体可燃物质，像硫在燃烧时，先受热熔化（并有升华），继而蒸发生成蒸气而燃烧；而复杂固体物质，如木材，燃烧时先是受热分解，生成气态和液态产物，然后气态和液态产物的蒸气再氧化燃烧，这种燃烧称为分解燃烧。

上述的几种燃烧现象不论可燃物是气体、液体或固体，都要依靠气体扩散来进行，均有火焰出现，属火焰型燃烧。而当木材燃烧到只剩下炭时（如焦炭的燃烧），燃烧是在固体炭的表面进行，看不出扩散火焰，这种燃烧称为表面燃烧。木材的燃烧是分解燃烧与表面燃烧交替进行的。金属铝、镁的燃烧是表面燃烧。

根据《火灾分类》（GB/T 4968—2008），对火灾类型做出如下划分。

A类火灾：固体物质火灾。这种物质通常具有有机物性质，一般在燃烧时能产生灼热的余烬。

B类火灾：液体或可熔化的固体物质火灾。

C类火灾：气体火灾。

D类火灾：金属火灾。

E类火灾：带电火灾。物体带电燃烧的火灾。

F类火灾：烹饪器具内的烹饪物（如动植物油脂）火灾。

3. 什么是爆炸？根据不同特点爆炸可以分为几类？

（1）爆炸的定义和特征

爆炸是物质发生急剧的物理、化学变化，由一种状态迅速转变为另一种状态，并在瞬间释放出巨大能量的现象。一般来说，爆炸现象具有以下特征。

1）爆炸过程进行得很快。

2）爆炸点附近压力急剧升高，产生冲击波。

3）发出或大或小的响声。

4）周围介质发生震动或邻近物质遭受破坏。

爆炸是非常复杂的过程，影响爆炸的参数有：环境压力、爆炸物质的组成、爆炸物质的物理性质、引燃源特性（类型、能量和持续时间）、周围环境的几何尺寸（受限或非受限）、可燃物质的数量、可燃物质的扰动、引燃延滞时间、可燃物质泄漏的速率等。爆炸一般都会造成极强的破坏和巨大的伤亡。

（2）爆炸的分类

根据爆炸特性，可以将爆炸分为不同类型。

1）按爆炸的性质分类

①物理爆炸。物理爆炸是指物质的物理状态发生急剧变化而引起的爆炸。如蒸汽锅炉、压缩气体、液化气体过压等引起的爆炸，都属于物理爆炸。物质的化学成分和化学性质在物理爆炸后均不发生变化。

②化学爆炸。化学爆炸是指物质发生急剧化学反应，产生高温高压而引起的爆炸。物质的化学成分和化学性质在化学爆炸后均发生了质的变化。化学爆炸又可以进一步分为爆炸物分解爆炸、爆炸物与空气的混合爆炸两种类型。

爆炸物分解爆炸是爆炸物在爆炸时分解为较小的分子或其组成元素。爆炸物的组成元素中如果没有氧元素，爆炸时则不会有燃烧反应发生，爆炸所需要的热量是由爆炸物本身分解产生的。属于这一类物质的有叠氮铅、乙炔银、乙炔铜、碘化氮、氯化氮等。爆炸物质中如果含有氧元素，爆炸时则往往伴有燃烧现象发生。各种氮或氯的氧化物、苦味酸即属于这一类型。爆炸性气体、蒸气或粉尘与空气的混合物爆炸，需要一定的条件，如爆炸性物质的含量或氧气含量以及激发能源等。因此其危险性较分解爆炸低，但这类爆炸更普遍，所造成的危害也较大。

2）按爆炸速率分类

①轻爆。爆炸传播速率在每秒零点几米至数米之间的爆炸过程。

②爆炸。爆炸传播速率在每秒 10 米至数百米之间的爆炸过程。

③爆轰。爆炸传播速率在每秒 1 千米至数千米的爆炸过程。

3）按爆炸反应物质分类

①纯组元可燃气体热分解爆炸。纯组元气体由于分解反应产生大量的热而引起的爆炸。

②可燃气体混合物爆炸。可燃气体或可燃液体蒸气与助燃气体（如空气）按一定比例混合，在点火源的作用下引起的爆炸。

③可燃粉尘爆炸。可燃固体的微细粉尘以一定浓度呈悬浮状态分散在空气等助燃气体中，在点火源作用下引起的爆炸。

④可燃液体雾滴爆炸。可燃液体在空气中被喷成雾状剧烈燃烧时引起的爆炸。

⑤可燃蒸气云爆炸。可燃蒸气云产生于设备蒸气泄漏喷出后所形成的滞留状态。密度比空气小的气体浮于上方，反之则沉于地面，滞留于低洼处。气体随风飘移形成连续气流，与空气混合达到其爆炸极限时，在引火源作用下即可引起爆炸。

爆炸在重大危险源装置中一般是以突发或偶发事件的形式出现的，而且往往伴随火灾发生，同时极易对原有重大危险源安全设施构成损坏，进而造成更加严重的事故后果。

（3）典型的爆炸类型

1）蒸气云爆炸（VCE）。化学工业中，大多数危险和破坏性的爆炸是蒸气云爆炸。VCE 的发生过程是：

①大量的可燃蒸气突然释放出来（当装有过热液体和受压液体的容器破裂时就会发生）。

②蒸气扩散遍及一个区域，同时与空气混合。

③产生的蒸气云被点燃。

发生在英国弗利克斯伯勒镇的事故就是典型的 VCE 事故。工厂反应器上 20 inch 的环己烷管线突然失效，导致约 30 t 环己烷持续蒸发。之后蒸气云扩散遍及整个工厂，与空气混合，并在泄漏发生后 45 s 被未知点火源点燃。事故导致整个工厂被夷为平地，28 人死亡。

任何涉及大量液化气体、挥发性过热液体或高压气体的过程都被认为是 VCE 发生的潜在源。

VCE 事故很难表述，主要是因为需要大量的参数。影响 VCE 特性的一些参数包括释放物质的量、物质蒸发百分比、气云点燃的可能性、点燃前气云迁移的距离、气云点燃前的延迟时间、发生爆炸而不是火灾的可能性、临界物质量、爆炸效率和点火源相对于释放处的位置。

从安全的角度来说，防止 VCE 发生的最好方法就是阻止物质的释放。不论安装了何种安全系统来防止点燃的发生，巨大的可燃物质蒸气云都是很危险的，并且几乎是不可控制的。预防 VCE 的方法包括：保持较少的易挥发可燃物质的储存量；如果容器或管线破裂，则采用使闪蒸最小化的工艺条件，使用分析仪器检测低浓度的泄漏；安装自动切断阀，以便在泄漏或释放发生并处于发展的初始阶段及时关闭系统。

2）沸腾液体扩展蒸气云爆炸（BLEVE）。沸腾液体扩展蒸气云爆炸是一种能导致大量物质释放的特殊事故类型。当储存有温度高于大气压下沸点的液体储罐破裂时，就会发生 BLEVE，导致储罐内的大部分物质发生爆炸性蒸发；如果物质是可燃的，就可能进而发生蒸气云爆炸；如果物质有毒，则大面积区域将遭受毒物的影响。对于任何一种情况，BLEVE 过程所释放的能量都能导致巨大的破坏。

通常 BLEVE 是由火灾引起的，发生过程如下：

①火灾发展到邻近装有液化气体的储罐。

②火灾加热储罐壁。

③液面以下储罐壁的热量被液体带走，液体气化，液体温度和储罐内的压力增加。

④如果火焰抵达仅有蒸气而没有液体的储罐壁面或顶部，热量将不能被转移走，储罐罐壁材料的温度上升，直至储罐失去其结构强度。

⑤储罐破裂，内部液体迅速蒸发。

由于热量作用改变了容器原有强度等因素，容器很可能在低于设计压力的情况下失效。

如果储罐内物质是可燃的，并且火灾是导致事故的起因，那么当储罐破裂时，储罐内原有的液化气体将迅速气化同时被点燃，此时的储罐破裂是物理爆炸，爆炸能量主要来自高压物料的瞬间膨胀和储罐材质的破裂；但当气化后的可燃物被点燃后，同时又发生燃烧进而形成化学爆炸，这也就是此类事故极易造成严重后果的主要原因。

三、工艺风险分析与控制

1. 生产装置的工艺风险应如何控制？

危险化工工艺所涉及的原料、中间产品、催化剂、产品等物料，大多具有易燃易爆、反应活性高、稳定性差等危险特点，并且操作过程中普遍存在高温、高压、真空等苛刻工艺条件。在石化装置大型化的今天，单套装置能量更加集中，大量高能量危险化学品被约束在高温、高压、密闭的承压管道容器、反应器中，火灾、爆炸事故风险大大增加。然而化工企业追求经济效益的同时，往往容易忽略风险控制措施，导致化工安全事故频繁发生。为提高化工装置的本质安全化水平，2009—2013 年国家安全生产监督管理总局先后发布了光气化、电解（氯碱）、偶氮化等 18 种重点监管危险化工工艺的安全控制要求、重点监控参数及推荐的控制方案，以促进化工企业安全生产条件进一步改善，确保化工装置安全稳定运行。

但是需要看到的是，近年化工企业事故依然多发的一个重要原因是化工工艺安全方面的研究不足，对关键危险因素认识不足，未充分掌握危险反应的致灾机理及其影响因素，导致在工艺条件发生异常波动或工艺变更的情况下，采取的安全控制手段和措施不到位，安全控制系统不完善。对此，在《关于加强精细化工反应安全风险评估工作的指导意见》（安监总管三〔2017〕1号）中明确提出，要对精细化工开展反应安全风险评估，以改进安全设施设计，完善风险控制措施，提升企业本质安全水平，有效防范事故发生。

2. 哪些企业需要开展精细化工反应风险评估？主要评估哪些内容？

企业中涉及重点监管危险化工工艺和金属有机物合成反应（包括格氏反应）的间歇和半间歇反应，有以下情形之一的，要开展反应安全风险评估：国内首次使用的新工艺、新配方投入工业化生产的以及国外首次引进的新工艺且未进行过反应安全风险评估的；现有的工艺路线、工艺参数或装置能力发生变更，且没有反应安全风险评估报告的；因反应工艺问题，发生过生产安全事故的。

精细化工生产的主要安全风险来自工艺反应的热风险。开展精细化工反应安全风险评估，要对反应中涉及的原料、中间物料、产品等化学品进行热稳定测试，对化学反应过程开展热力学和动力学分析。根据反应热、绝热温升等参数评估反应的危险等级，根据最大反应速率到达时间等参数评估反应失控的可能性，结合相关反应温度参数进行多因素危险度评估，确定反应工艺危险度等级。根据反应工艺危险度等级，明确安全操作条件，从工艺设计、仪表控制、报警与紧急干预（安全仪表系统）、物料释放后的收集与保护、厂区和周边区域的应急响应等方面提出有关安全风险防控建议。

思考题

1. 如何科学认识安全和风险的关系？
2. 结合本企业工艺设备特点，分析可能发生的燃烧、爆炸类型有哪些？

第五节　重大危险源设备设施知识

一、重大危险源关键装置

1. 重大危险源安全设施有哪些?

安全设施是在生产经营活动中用于预防、控制、减少与消除事故影响采用的设备、设施、装备及其他技术措施的总称。安全设施分为预防事故设施、控制事故设施、减少与消除事故影响设施 3 类。

（1）预防事故设施

1）检测、报警设施：包括压力、温度、液位、流量、组分等报警设施，可燃气体、有毒有害气体、氧气等检测和报警设施，用于安全检查和安全数据分析等检验检测设备、仪器。

2）设备安全防护设施：包括防护罩、防护屏、负荷限制器、行程限制器，制动、限速、防雷、防潮、防晒、防冻、防腐、防渗漏等设施，传动设备安全锁闭设施，电器过载保护设施，静电接地设施。

3）防爆设施：包括各种电气、仪表的防爆设施，抑制助燃物品混入（如氮封）、易燃易爆气体和粉尘形成等设施，阻隔防爆器材，防爆工器具。

4）作业场所防护设施：包括作业场所的防辐射、防静电、防噪声、通风（除尘、排毒）、防护栏（网）、防滑、防灼烫等设施。

5）安全警示标志：包括各种指示、警示作业安全和逃生避难及风向等警示标志。

（2）控制事故设施

1）泄压和止逆设施：包括用于泄压的阀门、爆破片、放空管等设施，用于止逆的阀门等设施，真空系统的密封设施。

2）紧急处理设施：包括紧急备用电源，紧急切断、分流、排放（火炬）、吸收、中和、冷却等设施，通入或者加入惰性气体、反应抑制剂等设施，紧急停车、仪表联锁等设施。

（3）减少与消除事故影响设施

1）防止火灾蔓延设施：包括阻火器、安全水封、回火防止器、防油（火）堤，防爆墙、防爆门等隔爆设施，防火墙、防火门、蒸汽幕、水幕等设施，防火材料涂层。

2）灭火设施：包括水喷淋、惰性气体、蒸汽、泡沫释放等灭火设施，消火栓、高压水枪（炮）、消防车、消防水管网、消防站等。

3）紧急个体处置设施：包括洗眼器、喷淋器、逃生器、逃生索、应急照明等设施。

4）应急救援设施：包括堵漏、工程抢险装备和现场受伤人员医疗抢救装备。

5）逃生避难设施：包括逃生和避难的安全通道（梯）、安全避难所（带空气呼吸系统）、避难信号等。

6）劳动防护用品和装备：包括头部、面部、视觉、呼吸、听觉器官、四肢、躯干防火、防毒、防灼烫、防腐蚀、防噪声、防光射、防高处坠落、防砸击、防刺伤等免受作业场所物理、化学因素伤害的劳动防护用品和装备。

2. 重大危险源安全设施的管理有什么要求？

（1）根据《建设项目安全设施“三同时”监督管理办法》，建设项目安全设施必须与主体工程同时设计、同时施工、同时投入生产和使用。

（2）生产经营单位应确保重大危险源安全设施配备符合以下国家有关规定和标准。

1）按照《石油化工可燃气体和有毒气体检测报警设计标准》（GB/T 50493—2019）在易燃易爆、有毒区域设置固定式可燃气体、有毒气体的检测报警设施，报警信号应发送至工艺装置、储运设施等控制室或操作室。

2）按照《储罐区防火堤设计规范》（GB 50351—2014）在可燃液体罐区设置防火堤，在酸、碱罐区设置围堤并进行防腐处理。

3）按照《石油化工静电接地设计规范》（SH/T 3097—2017）在输送易燃物料的设备、管道安装防静电设施。

4）按照《建筑物防雷设计规范》（GB 50057—2010）在厂区安装防雷设施。

5）按照《建筑设计防火规范（2018 年版）》（GB 50016—2014）和《建筑灭火器配置设计规范》（GB 50140—2005）配置消防设施和器材。

6）按照《爆炸危险环境电力装置设计规范》（GB 50058—2014）设置电力装置。

7）按照《个体防护装备选用规范》（GB/T 11651—2008）配备个体防护设施。

8）厂房、库房建筑应符合《建筑设计防火规范（2018 年版）》（GB 50016—2014）和《石油化工企业设计防火标准（2018 年版）》（GB 50160—2008）。

9）在工艺装置上可能引起火灾、爆炸的部位设置超温、超压等检测仪表、声光报警和安全联锁装置等设施。

（3）在重大危险源装置中，涉及危险化工工艺和重点监管危险化学品的化工生产装置要根据风险状况设置安全联锁或紧急停车系统等。

（4）安全设施实行安全监督和专业管理相结合的管理方法。

（5）要建立安全设施档案、台账，监督检查安全设施的配备、校验与完好情况，定期组织对安全设施的使用、维护、保养、校验情况进行专业性安全检查。

（6）在安全设施采购时应确保符合设计要求，保证质量，应选用工艺技术先进、产品成熟可靠、符合国家标准和规范、有政府部门颁发的生产经营许可的安全设施，其功能、结构、性能和质量应满足安全生产要求；不得选用国家明令淘汰、未经鉴定、带有试用性质的安全设施。

（7）严格执行建设项目“三同时”规定，确保安全设施与主体工程同时施工，必须按照批准的安全设施设计施工，并对安全设施的工程质量负责，施工结束后，要组织安全设施的检验调试、竣工验收，确保竣工资料齐全和安全设施性能良好，并与主体工程同时投入使用。

（8）对建设项目中消防、气防设施“三同时”制度执行情况进行监督检查，做好消防、气防设施更新、停用（临时停用）、报废的审查备案，建立消防、气防设施档案和台账，组织编制和修订消防、气防设施安全操作规定，定期对相关岗位员工进行培训，确保正确使用。

（9）要制定安全设施更新、停用（临时停用）、拆除、报废管理制度，认真落实安全设施管理使用有关规定，严格执行安全设施更新、校验、检修、停用（临时停用）、拆除、报废申报程序。要按照用途及配备数量，将安全设施放置在规定的使用位置，确定管理人员和维护责任，不允许挪作他用，严禁擅自拆除、停用（临时停用）安全设施。要定期对安全设施进行检查，并配合校验及维护工作，确保完好，并经常组织对操作员工进行正确使用安全设施的技术培训，定期开展岗位练兵和应急演练，不断提高员工使用安全设施的技能。

（10）安全设施应编入设备检维修计划，定期检维修。安全设施不得随意拆除、挪用或弃置不用，因检维修拆除的，检维修完毕后应立即复原。

（11）在防爆场所选用的安全设施，应取得国家指定防爆检验机构发放的防爆许可证，并达到安装、使用场所的防爆等级要求。在设计安全设施的安装位置、方式时，应充分考虑员工操作、维护的安全需要。

（12）要建立安全联锁系统管理制度，严禁擅自拆除或停用安全联锁系统进行生产。

（13）安全设施校验的单位和人员应取得国家和行业规定的相应资质，校验用校验仪器、校验方法和校验周期等符合标准、规范要求。

3. 化工企业常用储罐有哪些？其主要特点是什么？

按形状和结构特征，化工企业常用储罐可分为立式圆筒形储罐、卧式圆筒形储罐和特殊形状储罐，立式圆筒形钢制油罐是目前应用范围较广的一种储罐，主要有立式拱顶罐、浮顶罐和内浮顶罐；压力储罐主要为球罐。

（1）立式拱顶罐。立式拱顶罐是立式圆筒形储罐的一种。由于具有容易施工、造价低、节省钢材等优点而得到了广泛的应用。它由带弧形的罐顶、圆筒形罐壁及平罐底组成。由于罐顶以下的气相空间大，油品的蒸发损耗会加大，所以，立式拱顶罐不宜储存挥发性较高的化学品，适宜储存挥发性较低的化学品。

（2）浮顶罐。浮顶罐是带有浮顶、上部敞口的立式圆筒形罐。它利用浮顶把液面和大气隔开，因而大大减少了化学品的蒸发损耗，降低了化学挥发对大气环境的污染，并减少了火灾危险，因此浮顶罐被各油田、炼厂和油库广泛应用于储存原油、汽油和其他易挥发油。由于浮顶罐的浮顶与罐壁间是相对运动的，因此浮顶罐罐壁圈板间的焊接方式应采用对接式，要保证罐内壁平滑，以利于浮顶上下运动顺畅。浮顶罐是敞口容器，为使储罐在风载作用下保持其圆度，不致使罐壁出现局部失稳，即被风局部吹瘪现象，常在浮顶罐罐壁的顶圈设置抗风圈。

（3）内浮顶罐。内浮顶罐是装有浮顶的拱顶罐。它兼有立式拱顶罐防雨、防尘和浮顶罐降低蒸发损耗的优点，因而在化工企业中多用于储存航空汽油、溶剂油、甲醇、甲基叔丁基醚（MTBE）等品质较高的易挥发油品。

（4）卧罐。卧式圆筒形储罐一般简称为卧罐。与立式圆筒形储罐相比，卧罐的容量小，承压能力范围大，广泛被用作各种生产过程中的工艺容器。卧罐可用于储存各种油料和化工产品，如汽油、柴油、液化石油气、丙烷、丙烯等。卧罐的结构包括筒体和封头，通常卧罐放置在两个对称的马鞍形支座上。卧罐的封头种类较多，常用的有平封头和蝶形封头。平封头卧罐承压能力较低，一般用作常压储罐。蝶形封头受力状态好，常用于压力容器。卧罐作为一般化学品储罐时，其附件一般有进出物料管、人孔、量油孔、排污—放水管、呼吸阀或通压管等，其作用与立式储罐相同。卧罐作为压力容器储存高蒸气压产品时，为密闭储存，其附件设置与球罐类似。

（5）球罐。球罐是一种压力储罐，在化工企业中被广泛应用于储存液化气体和其他低沸点油品。球罐由球壳、支柱、拉杆、顶部操作台及球罐附件组成。

球壳是球罐的主体，可分为带式球壳和足球式球壳。带式球壳板规格尺寸较多，预制比较麻烦，但现场组装比较方便；足球式球壳板规格尺寸统一，预制方便，但组装比较困难。目前我国应用的球罐绝大多数采用带式球壳。球罐支座有柱式和裙式两种。柱式支座又分为赤道正切式、V 形柱式、三柱合一式等形式，其中应用最普遍的是赤道正切式支柱。裙式支座较低，球罐重心也低，比较稳定，但其操作、检修不便，故应用较少。

二、重大危险源安全设施

1. 化学品储罐一般附件都有哪些?

（1）扶梯和栏杆。扶梯是专供操作人员上罐检尺、测温、取样、巡检而设置的。它有直梯和旋梯，一般来说，小型储罐用直梯，大型储罐用旋梯。

（2）人孔。人孔是供清洗和维修储罐时，操作人员进出储罐而设置的。一般立式罐，人孔都装在罐壁最下层圈板上，且和罐顶上方采光孔相对。人孔直径多为600 mm，孔中心距罐底为750 mm。通常3 000 m^3 以下储罐设1个人孔，3 000~5 000 m^3 储罐设1~2个人孔，5 000 m^3 以上储罐则必须设2个人孔。

（3）透光孔。透光孔又称采光孔，是供储罐清洗或维修时采光和通风所设。它通常设置在进出物料管上方的罐顶上，直径一般为500 mm，外缘距罐壁800~1 000 mm，设置数量与人孔相同。

（4）量油孔。量油孔是为检尺、测温、取样所设，安装在罐顶平台附近。每个储罐只装一个量油孔，它的直径为150 mm，距罐壁多为1 m。

（5）脱水管。脱水管也称为放水管，它是专门为排除罐内杂质和清除罐底污油残渣而设的。放水管在罐外一侧装有阀门，为防止脱水阀不严或损坏，通常安装两道阀门。冬天还应做好脱水阀门的保温，以防冻凝或阀门冻裂。

（6）空气泡沫发生器。空气泡沫发生器是安装于储罐顶层圈板上用来产生空气泡沫的装置。每个储罐设置不少于2个，平时它与储罐通过密封玻璃隔开，一旦储罐发生火灾，经管线导入的泡沫液流经产生器时将空气吸入，并与泡沫混合形成空气泡沫，冲破密封玻璃，流入罐内，覆盖在物料液面上，通过冷却和窒息进行灭火。

（7）接地线。接地线是消除储罐静电的装置。

2. 轻质油储罐专用附件包括哪些?

轻质油（包括汽油、煤油、柴油等）属黏度小、质量轻、易挥发的油品，盛装这类油品的储罐，都装有符合它们特性并满足生产和安全需要的各种储罐专用附件。

（1）储罐呼吸阀。储罐呼吸阀是保证储罐安全使用，减少油品损耗的重要附件。

（2）液压安全阀。液压安全阀是为提高储罐更大安全使用性能的重要附件，它的工作压力比机械呼吸阀要高出5%~10%。正常情况下，它是不动的，当机械呼吸阀因阀盘锈蚀或卡住而发生故障或油罐收付作业异常而出现罐内超压或真空度过大时，它将起到储罐安全密封和防止油罐损坏作用。

（3）阻火器。阻火器又称为储罐防火器，是储罐的防火安全设施，它装在机械呼吸阀或液压安全阀下面，内部装有许多铜、铝或其他高热容金属制成的丝网或皱纹板。当外来火焰或火星通过呼吸阀进入防火器时，金属网或皱纹板能迅速吸收燃烧物质的热量，使火焰或火星熄灭，防止油罐内物料被引燃。

（4）喷淋冷却装置。储罐设置喷淋冷却装置（系统）是为了对储罐进行保护。一方面，火灾发生时，需要对着火储罐和临近罐采取消防冷却应急降温措施；另一方面，因夏季高温需对储罐实施日常性防护冷却，即防日晒冷却。由于对着火储罐和临近罐冷却用水量及设备要求更高，所以前者冷却系统调节水量后可兼作防日晒冷却。

根据《石油库设计规范》（GB 50074—2014），单罐容量不小于5 000 m^3或罐壁高度不小于17 m的油罐，应设固定式消防冷却水系统；单罐容量小于5 000 m^3或罐壁高度小于17 m的油罐，可设移动式消防冷却水系统或固定式水枪与移动式水枪相结合的消防冷却水系统。

《石油化工企业设计防火标准（2018年版）》（GB 50160—2008）规定，罐壁高于17 m的储罐、容积等于或大于10 000 m^3的储罐、容积等于或大于20 000 m^3的低压储罐，应设置固定式消防冷却水系统；容积等于或大于1 000 m^3的球罐，应采取固定式水喷雾（水喷淋）系统及移动消防冷却水系统；容积在100~1 000 m^3的球罐可设固定喷淋系统，也可使用固定式水炮和移动式消防冷却系统。

喷淋系统应设控制阀和放空阀，且均应设在防火堤外，距被保护罐壁不宜小于15 m，控制阀后及储罐上的喷淋管道应为镀锌钢管，喷淋水进水立管下端应设排渣口。如以地面水为水源，喷淋管道上应设置过滤器。

消防喷淋系统的控制阀可使用手动或遥控控制阀。对容积大于或等于1 000 m^3 的球罐，应使用遥控控制阀。

喷淋水环管上宜设置膜式喷头，喷头间距不宜大于2 m，喷头出水压力不应小于0.1 MPa。除了上述附件或附属设施外，常压和低压储罐一般还有人孔、测量仪表、高低液位报警器、放水管、转动扶梯、紧急排水口、高位带芯人孔等。

3. 内浮顶罐专用附件包括哪些?

内浮顶罐和一般拱顶罐相比，由于结构不同，并根据使用性能要求，装有独特的各种专用附件。

（1）通气孔。内浮顶油罐由于内浮盘盖住了油面，油气空间基本消除，因此蒸发损耗很少，所以罐顶上不设机械呼吸阀和安全阀。但在实用中，浮顶环形间隙或其他附件接合部位，仍然难免有油气泄漏之处，为防止油气积聚达到危险程度，在油罐顶和罐壁上都开有通气孔。

（2）静电导出装置。内浮顶罐在进出油作业过程中，浮盘上积聚了大量静电荷，由于浮盘和罐壁间多用绝缘物作密封材料，所以浮盘上积聚的静电荷不可能通过罐壁导走。为导走这部分静电荷，在浮盘和罐顶之间安装了静电导出线。一般为两根软铜裸绞线，上端和采光孔相连，下端压在浮盘的盖板压条上。

（3）防转钢绳。为了防止油罐壁变形，浮盘转动影响平稳升降，在内浮顶罐的罐顶和罐底之间垂直地张紧两条不锈钢缆绳，两根钢绳在浮顶直径两端对称布置。浮顶在钢绳限制下，只能垂直升降，因而防止了浮盘转动。

（4）自动通气阀。自动通气阀设在浮盘中部位置，它是为保护浮盘处于支撑位置情况下，油罐进出油料时能正常呼吸，防止浮盘以下部分出现抽空或憋压而设。

（5）浮盘支柱。内浮顶罐使用一段时间后，浮顶需要检修，储罐需清洗，这时浮顶就需降到距罐底一定高度，由浮盘上若干支柱来支撑；当支柱落于罐底时，称为浮盘落底。

（6）扩散管。扩散管在油罐内与进口管相接，管径为进口管的2倍，并在两侧均匀钻有众多直径2 mm的小孔。它起到油罐收油时降低流速保护浮盘支柱的作用。

（7）密封装置及二次密封装置。密封装置是安装在浮盘外缘环板与罐壁间并固定在浮盘上的密封材料，用以减少油品的蒸发损耗，同时还可防止风、沙、雨、雪对油品的污染。密封装置的形式很多，早期使用的主要是机械密封，目前多使用弹性填料密封或管式密封，此外还有唇式密封和迷宫式密封等。只使用上述任何一种形式的密封，一般称为单密封。为了进一步减少油品的损耗，提高密封装置的防尘、防雨水效果，在单密封的基础上再增加的一套密封装置，称为二次密封，原来的密封装置则称为一次密封。容积大于或等于 50 000 m^3 的大型储罐应设置一次密封和二次密封。在雷雨多发区域，一次密封宜采用软密封，二次密封宜采用 L 形结构。当采用其他结构时，密封油气空间内不得有金属凸出物。

（8）中央排水管。中央排水管是浮顶罐为了排掉浮顶上的雨水而设置的，它设置于浮顶的下面。它可以随浮顶的高度伸直或折曲，其上端装有单向阀，以防排水管或接头泄漏时倒流到浮顶上。排水管上端与浮顶中央的集水窝相接，下端与管壁底圈上的排水管接合管相连，罐外设阀门，以防排水管泄漏时漏油，平时该阀门关闭，雨天开启。

4. 球罐的主要附件有哪些?

压力储罐除应设置梯子、平台、人孔和接管、放水管（也称切水阀），还应有安全阀、压力表、液面计、紧急切断阀、紧急放空阀等。在化工企业中，应用最为广泛的压力储罐是球罐，球罐的主要附件及附属设施主要有以下 6 个部分。

（1）安全阀。安全阀是为了防止罐内压力突然升高引起严重事故而设置的一种安全附件。当罐内压力超过安全阀定压值时，安全阀自动开启，将罐内的一部分气态液化气排出，使罐内压力降低，当降低到安全阀的关闭压力时，安全阀便自动关闭。球罐一般设两个安全阀，每个都能满足事故状态下最大释放量的要求。安全阀应垂直安装，并应装在球罐顶部的气相空间部分，或装设在与球罐气相空间相连的管道上。安全阀前后均应设手动全通径切断阀，切断阀口径不应小于安全阀出、入口口径，阀门要保持全开状态并加铅封或锁定。安全阀排放口原则上应接到火炬系统，当受条件限制时，可直接排入大气，但排气管口应高出

8 m 范围内储罐罐顶平台 3 m 以上。

安全阀的定压值不能大于球罐的设计压力。安全阀定压值不得随意更改。安全阀的检测校验应严格执行《安全阀安全技术监察规程》（TSG ZF001—2006）。

（2）压力表。球罐使用的压力表，必须与罐内储存介质相适应，其精度等级不应低于 1.5 级，压力表盘刻度极限值应为最高工作压力的 1.5~3.0 倍，表盘直径不应小于 100 mm。

球罐使用的压力表首次安装使用前应进行校验，之后每半年校验 1 次，在刻度盘上应标注出最高工作压力的红线以及下次校验日期，校验合格的压力表应加铅封固定。

球罐的压力表应安装在便于观察的位置。每个球罐至少应安装 2 个压力表，其中 1 个应安装在球罐顶部。球罐压力表下应设三通旋塞或针型阀，其上应有开启标志和锁紧装置。

（3）液面计。球罐的液面计应根据储存介质、最高工作压力和温度正确选用。液面计在安装使用前，应进行 1.25~1.5 倍液面计公称压力的液压试验。

液面计应安装于便于观察的位置，液面计上最高和最低安全液位应作出明显标示。液面计应实行定期检修制度。当液面计出现下列情况时，应停止使用并进行维修或处理：

1）超过检验周期；

2）玻璃板（管）上有裂纹、破碎；

3）阀件坏死；

4）指示不清或出现假液面。

（4）紧急切断阀。紧急切断阀是安装在球罐进出口管道上、发生事故或异常情况能够快速紧密切断和隔离易燃及有毒物料的阀门。当球罐液位达到或超过高高液位限时，紧急切断阀能用于防止物料溢罐。它应容易启动，便于手动开启或关闭。紧急切断阀有油压式、气压式、电动式及手动式。紧急切断阀应与工艺控制阀相区别。紧急切断阀应选用故障安全型。

（5）紧急放空阀。紧急放空阀也称为安全阀的副线阀，是紧急状况下泄放罐内压力的设施，其管径不应小于安全阀入口的直径。

（6）罐底注水设施。罐底注水设施是在球罐底部泄漏时向罐内注水，以减少液化气体的泄漏、降低事故损失的补救措施。注水设施的设计以安全、快速有效、可操作性强为原则。注水水源可考虑本企业的稳高压消防水系统，注水可采用直接注水和借用工艺泵注水的方案。

对于操作压力低于0.4 MPa（表压）的球罐，如稳高压消防系统的压力稳定在0.7~1.2 MPa时，可采用直接注水方案；如稳高压消防系统的压力不能满足要求或球罐的操作压力高于0.4 MPa（表压）时，应采用工艺泵的注水方案。

5. 储罐及附件的安全管理有哪些要求?

（1）新建或改建储罐应符合国家标准规范要求，验收合格后方可投产使用。

（2）储罐应按规范要求，安装高低液位报警、高高液位报警和自动切断联锁装置。储罐发生高低液位报警时，应到现场检查确认，采取措施，严禁随意消除报警。

（3）储罐应按规定进行检查和钢板测厚，在用储罐应视腐蚀严重情况增加检测次数。罐体应无严重变形，无渗漏。罐体铅锤的允许偏差不大于设计高度的1%（最大限度不超过9 cm）。罐内壁平整、无毛刺，底板及第一圈板50 cm高度应进行防腐处理，罐外表无大面积锈蚀、起皮现象，漆层完好。

（4）储罐附件如呼吸阀、安全阀、阻火器、量油口等齐全有效；储罐阻火器应为波纹板式阻火器。通风管、加热盘管不堵不漏；升降管灵活，排污阀畅通，扶梯牢固，静电消除、接地装置有效；储罐进、出口阀门和人孔无渗漏，各部件螺栓齐全、紧固；浮盘、浮梯运行正常、无卡阻，浮盘、浮仓无渗漏；浮盘无积油，排水管畅通。

（5）储罐进出物料时，现场阀门开关的状态在控制室应有明显的标记或显示，避免误操作，并有防止误操作的检测、安全自保等措施，防止物料超高、外溢。

6. 常用的防火防爆安全装置有哪些?

（1）阻火设施。包括安全液封、水封井、阻火器、阻火阀等，其作用是防止外部火焰蹿入设备、管道或阻止火焰在其间扩展。

阻火器是阻止易燃气体和易燃蒸气的火焰和火花继续传播的安全装置。一般安装在产生火星的设备和管道上，以防止飞出的火星引燃易燃易爆物质。目前应选用波纹型阻火器，如油罐阻火器、管道阻火器、汽车尾气防火器等。

（2）防爆泄压设备。防爆泄压设备包括安全阀、爆破片（防爆片）、防爆门和放空管等。安全阀主要用于防止物理性爆炸。爆破片和防爆门主要用于防止化学性爆炸。放空管是用来紧急排泄有超温、超压、爆聚和分解爆炸危险的物料。

1）安全阀：属于下列情况之一的容器和设备必须装设安全阀，以防止压力过高发生爆炸。

①在生产过程中有可能因物料的化学反应，使其内压增加的容器、设备；

②盛装液化气的容器、设备；

③压力来源处没有安全阀和压力表的容器、设备；

④最高工作压力小于压力来源处压力的容器、设备。

安全阀的开启压力不得超过容器设计压力，一般按设备的操作压力再增加5%~10%来进行调整。安全阀的排气能力必须大于容器的安全泄放量。

安全阀按其结构和作用原理可分为静重式、杠杆式和弹簧式等。

静重式安全阀由阀芯、阀座和环形铁块3部分组成，在阀芯上部压着若干环形铁块，用增减铁块的质量控制安全阀的开启压力。

杠杆式安全阀由重锤、杠杆和阀芯组成，其开启压力可通过移动重锤的距离或改变重锤的质量加以调整。

弹簧式安全阀由阀体、阀座、阀芯、阀杆和弹簧等部分组成，靠弹簧的弹力抵住器内压力，其开启压力可拧动调整动作压力的螺帽进行调整。

设置安全阀应注意以下几点：

①安全阀应垂直安装并应装设在容器或管道气相界面位置上。容器与安全阀之间不得装有任何阀门。但对于盛装易燃、剧毒、有毒或黏性介质的容器，为便于安全阀的更换、清洗，可在容器与安全阀之间装截止阀，正常运行时，截止阀必须保持全开，并加铅封。

②安全阀用于泄放易燃可燃液体时，宜将排泄管接入储槽或容器。用于泄放遇空气可能立即着火的高温油气或易燃可燃液体时，宜接入密闭系统的放空塔或

事故储槽。

③安全阀应定期校验，每年至少一次。

④静重式安全阀应有防止重片飞脱的装置；杠杆式安全阀应有防止重锤自动移动的装置和限制杠杆越出的导架；弹簧式安全阀应有防止随便拧动调整螺帽的铅封装置。

2）爆破片：它的作用是排出设备内气体、蒸气或粉尘等发生化学性爆炸时产生的压力，以防设备、容器炸裂。按照结构形式和材料的不同，爆破片分为多种类型，如反拱带槽型爆破片、正拱开缝型爆破片等，如图 1-1 所示。

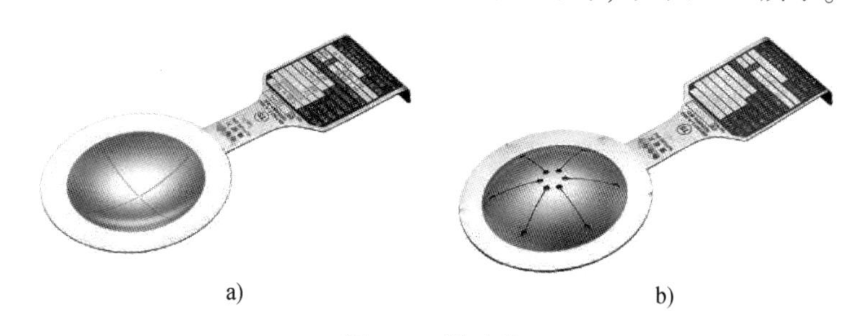

a) b)

图 1-1 爆破片

a）反拱带槽型爆破片 b）正拱开缝型爆破片

由于设备内工作介质黏性大、腐蚀、有毒、易结晶或聚合等原因，安全阀不能可靠工作时，应装设爆破片代替安全阀，或采用爆破片与安全阀共用的重叠式结构。

正常生产时压力很小（微正压或微负压）的设备，可用石棉板、塑料片、橡胶板作为爆破片；操作压力较高的设备可采用铝板、铜板。铁片破裂时能够产生火花，可引起易燃易爆物质燃烧爆炸，所以不宜采用铁片作为爆破片。

爆破片的爆破压力不得超过容器的设计压力，一般按不超过操作压力的 25% 考虑。

对易燃或有毒介质的容器，应在爆破片的排放口装设放空导管，并引至安全地点。

爆破片应定期更换，每年至少更换一次，对于超压未爆破的爆破片应立即更换。

爆破片一般装设在爆炸中心的附近效果最好。

3）防爆门：一般设置在燃油、燃气和燃烧煤粉的燃烧室外壁上，以防燃烧室发生燃爆或爆炸时，设备遭到破坏。防爆门的总面积，一般按燃烧室内部净容积 1 m^3 不少于 250 cm^2 计算。为了防止燃烧气体喷出时将人烧伤，或者翻开的盖子将人打伤，防爆门应设置在人们不常到的地方，高度最好不低于 2 m。

（3）消防自动报警器。消防自动报警器根据用途可分为 2 大类型：一种是用于发生火灾时能做到尽快自动报警，如果与自动灭火装置之间设有自动联锁装置时，还可以自动启动灭火装置，及时扑灭火灾；另一种是用于自动检测可燃气体和易燃液体蒸气有无逸漏和逸漏后所达到的浓度，如果与生产安全装置之间设有自动联锁装置，还可以用于控制生产过程中的物料温度，检测设备中可燃气体和易燃液体蒸气的浓度，当达到某一温度或某一浓度时，即自动报警，自动停车，以及自动采取预防措施，继而启动自动灭火装置等，以防止火灾爆炸事故的发生。

消防自动报警装置由自动报警器和接收器两大部分组成。自动报警器（检测器、探测器、探头）按其结构不同，可分为感温报警器、感光报警器、感烟报警器、可燃气体报警器等。

三、化工仪表与安全仪表系统

1. 化工企业有哪些常用仪表?

化工企业仪表设备一般分为常规仪表、仪表控制系统、仪表联锁保护系统、分析仪表、安全环保仪表及其他仪表。常规仪表包括检测仪表、显示或报字号仪表、控制仪表、辅助单元、执行器及其附件等。仪表控制系统包括集散控制系统（DCS）、可编程控制系统（PLC）、机组控制系统（CCS）、工业控制计算机系统（IPC）、监控和数据采集系统（SCADA）等。仪表联锁保护系统包括紧急停车系统（ESD）、安全仪表系统（SIS）、安全停车系统（SSD）、安全保护系统（SPS）、逻辑运算器、继电器等。分析仪表包括在线分析仪表、化验室分析仪器。安全环保仪表包括可燃气体检测报警器，有毒气体检测报警器，氨氮分析仪，化学需氧量（COD）分析仪，烟气排放二氧化硫分析仪，外排废水、废气流量计等，另外，还有振动/位移检测仪表、调速器、标准仪器、工业电视监控系统等。

（1）常规仪表。常规仪表主要是指通过被测量与标准量相比较得到结果的原理制造的仪表。通过常规仪表可以对工艺生产过程中的温度、压力、流量、液位4大参数进行检测；控制仪表根据检测到的仪表示值与所要控制的示值进行偏差比较后，输出信号到执行器及其附件使其输出发生变化，直到变化后的参数符合生产的要求。

（2）仪表控制系统。一般情况下，仪表控制系统至少要完成以下3个任务。

1）实时数据处理。对来自测量变送装置的被控变量数据进行巡回采集、分析处理、性能计算及显示、记录、制表等。

2）实时监督决策。对系统中的各种数据进行超限报警、事故预报与处理，根据需要进行设备启停，对整个系统进行诊断与管理等。

3）实时控制及输出。根据生产过程的特点和控制要求，选择合适的规律，包括复杂的先进控制策略，然后按照给定的控制策略和实时的生产情况，实现在线、实时控制。

（3）仪表联锁保护系统。仪表联锁保护系统用于监视生产装置或独立单元的操作，如果生产过程超出安全操作范围，可以使其进入安全状态，确保装置或独立单元具有一定的安全度。安全仪表系统不同于批量控制、顺序控制及过程控制的工艺联锁，当过程变量（温度、压力、流量、液位等）超限、机械设备故障、系统本身故障或能源中断时，安全仪表系统能自动（必要时可手动）地完成预先设定的动作，使操作人员、工艺装置处于安全状态。

（4）分析仪表。分析仪表是指对物质的组成和性质进行分析和测量，并直接指示物质的成分及含量的仪表。实验室仪表是由人工现场采样，然后由人工进行分析，分析结果一般较为准确；在线分析仪表用于连续生产过程，能自动采样，自动分析，自动指示、记录、打印分析结果。

2. 什么是安全仪表系统？应该如何认识安全仪表系统在化工企业安全管理中的重要性？

化工安全仪表系统（SIS）包括安全联锁系统、紧急停车系统和有毒有害、可燃气体及火灾检测保护系统等。安全仪表系统独立于过程控制系统（如分散控制系统等），生产正常时处于休眠或静止状态，一旦生产装置或设施出现可能导致安全事故的情况时，能够瞬间准确动作，使生产过程安全停止运行或自动导入预定的安全状态。安全仪表系统必须有很高的可靠性（即功能安全）和规范的维护管理，如果安全仪表系统失效，往往会导致严重的安全事故。近年来发达国家发生的重大化工（危险化学品）事故大都与安全仪表失效或设置不当有关。根据安全仪表功能失效产生的后果及风险，将安全仪表功能划分为不同的安全完整性等级。不同等级安全仪表回路在设计、制造、安装调试和操作维护方面技术要求不同。

目前，我国安全仪表系统及其相关安全保护措施在设计、安装、操作和维护管理等生命周期各阶段，还存在危险与风险分析不足、设计选型不当、冗余容错结构不合理、缺乏明确的检验测试周期、预防性维护策略针对性不强等问题，规范安全仪表系统管理工作亟待加强。随着我国化工装置、危险化学品储存设施规模大型化、生产过程自动化水平逐步提高，同步加强和规范安全仪表系统管理，十分紧迫和必要。

3. 安全仪表系统的功能包括什么？

监视生产过程的状态，判断生产过程是否出现发生某种潜在危险的条件。

当出现危险的条件时，自动执行其规定的安全仪表功能，防止危险事件发生。换句话说，安全仪表系统一旦执行了其安全仪表功能，则将没有危险事件发生。

减轻危险事件造成的影响，即通过减少损失或减轻影响后果的办法来降低风险。

在一些情况下，安全仪表系统实现安全仪表功能的目的是减小风险，或者说是减小潜在危险发生的概率；在另一些情况下，实现其安全仪表功能的目的是减弱已发生的危险事件的后果；还有一些情况下，则是两种情况的综合。

4. 如何加强安全仪表系统全生命周期管理工作?

加强安全仪表系统全生命周期管理，应重点从以下几个方面开展工作。

（1）设计安全仪表系统之前要明确安全仪表系统过程安全要求、设计意图和依据。要通过过程危险分析，充分辨识危险与危险事件，科学确定必要的安全仪表功能，并根据国家法律法规和标准规范对安全风险进行评估，确定必要的风险降低要求。根据所有安全仪表功能的功能性和完整性要求，编制安全仪表系统安全要求技术文件。

（2）规范化工安全仪表系统的设计。严格按照安全仪表系统安全要求技术文件设计与实现安全仪表功能。通过仪表设备合理选择、结构约束（冗余容错）、检验测试周期以及诊断技术等手段，优化安全仪表功能设计，确保实现风险降低要求。要合理确定安全仪表功能（或子系统）检验测试周期，需要在线测试时，必须设计在线测试手段与相关措施。详细设计阶段要明确每个安全仪表功能（或子系统）的检验测试周期和测试方法等要求。

（3）严格安全仪表系统的安装调试和联合确认。应制定完善的安装调试与联合确认计划并保证有效实施，详细记录调试（单台仪表调试与回路调试）、确认的过程和结果，并建立管理档案。施工单位按照设计文件安装调试完成后，企业在投运前应依据国家法律法规、标准规范、行业和企业安全管理规定以及安全要求技术文件，组织对安全仪表系统进行审查和联合确认，确保安全仪表具备既定的功能和满足完整性要求，具备安全投用条件。

（4）加强化工企业安全仪表系统操作和维护管理。化工企业要编制安全仪表系统操作维护计划和规程，保证安全仪表系统能够可靠执行所有安全仪表功能，实现功能安全。要按照符合安全完整性要求的检验测试周期，对安全仪表功能进行定期全面检验测试，并详细记录测试过程和结果。要加强安全仪表系统相关设备故障管理（包括设备失效、联锁动作、误动作情况等）和分析处理，逐步建立相关设备失效数据库。要规范安全仪表系统相关设备选用，建立安全仪表设备准入和评审制度以及变更审批制度，并根据企业应用和设备失效情况不断修订完善。

（5）逐步完善安全仪表系统管理制度和内部规范。企业要制定和完善安全仪表系统相关管理制度或企业内部技术规范，把功能安全管理融入企业安全管理体系，不断提升过程安全管理水平。

5. 在企业建立安全仪表系统的同时，应如何统筹做好其他仪表系统的管理工作？

（1）加强过程报警管理，制定企业报警管理制度并严格执行。与安全仪表功能安全完整性要求相关的报警可以参照安全仪表功能进行管理和检验测试。

（2）加强基本过程控制系统的管理，与安全完整性要求相关的控制回路，参照安全仪表功能进行管理和检验测试，并保证自动控制回路的投用率。

（3）严格按照相关标准设计和实施有毒有害和可燃气体检测保护系统，为确保其功能可靠，相关系统应独立于基本过程控制系统。

6. 安全仪表系统（SIS）与基本过程控制系统（BPCS）是什么关系？

在工业中，绝大部分控制系统都是基本过程控制系统。它们的服务对象是同一套装置，两者之间需要建立数据联系，特别是安全仪表系统的动作条件、联锁结果、保护设施等都需要在上位机通过各种方式在线监视。如果想在线监视并记录与安全仪表系统关联的设备状态、事件顺序，就需要建立与安全仪表系统的通信，获取其设备的数据信息，并按事件顺序记录和处理，实现在线监控及故障追忆。虽然安全仪表系统和基本过程控制系统都属于控制系统的范畴，但是两者有很大的区别，主要体现在以下 3 个方面。

（1）两者执行的功能有所不同。基本过程控制系统是执行常规正常生产功能的控制系统。据统计，工业中 95%以上的控制系统都是基本过程控制系统。由此可见，基本过程控制系统执行基本生产控制功能，以达到生产过程的正常操作要求。安全仪表系统则监视生产过程的状态，判断危险条件，防止事故的发生或减轻风险造成的后果。

因此，一个生产过程应该具备过程控制系统和安全仪表系统这两类不同功能的系统。前者用来执行系统的基本控制功能，后者用来监视生产过程的状态，以保证整个系统的安全运行。

（2）两者具备不同的工作状态。基本过程控制系统是主动的、动态的。它用来满足生产需要，必须根据系统的设定要求和生产过程的扰动状态不断地动态运行，才能保持生产过程的连续稳定运行。一旦其运行终止，则整个生产过程也就随之失去控制。相反，安全仪表控制系统则是被动的、休眠的。在基本过程控制系统正常运行时，安全仪表系统一般是处于静态的。它在很长一段时间都会处于“休眠”状态，而且理想状态是一直“休眠”下去。这表明基本过程控制系统控制下的生产过程安全运行。

（3）对于失效，两种控制系统有着不同的表现形式。对于基本过程控制系统来说，其大部分失效都是显而易见的。例如，工业过程中的控制阀发生了故障，在需要时不能达到特定的开关状态，必定会影响正常的生产过程，因此产生的故障现象会立刻显现出来。

安全仪表系统由于其大部分时间是处于“休眠”状态，所以很难觉察它是否出现了失效或存在问题。因此，安全仪表系统需要人为地进行周期性的离线测试或在线测试，而有些安全系统则带有内部的自诊断测试系统。

7. 紧急停车系统是什么？有哪些特点？

紧急停车系统（ESD）是20世纪90年代发展起来的一种专用的安全保护系统，它以高可靠性和灵活性而受到一致好评和广泛应用。ESD是一种专门的仪表保护系统，具有很高的可靠性和灵活性，当生产装置出现紧急情况时，保护系统能在允许的时间内作出响应，及时地发出保护联锁信号，对现场设备进行安全保护。

（1）ESD的显著特点。

1）系统必须有很高的可靠性和有效性（如冗余）。

2）系统必须是故障安全型的。

3）如果故障不能避免，故障必须是以可预见的安全方式出现。

4）强调内部诊断，采用硬件和软件相结合，检测系统内不正常的操作状态。

5）采用故障模式和影响分析技术指导系统设计，要确定系统的每个元件会出现怎样的故障，以及怎样检测出这些故障。

6）平时处于静态，当过程参数超限时执行保护动作，它是被动的。在石化等工业企业的重要装置，如催化、焦化、加氢等系统都独立设置 ESD 系统，其必要性在于降低控制功能和安全功能同时失效的概率，当维护 DCS 部分故障时也不会危及安全保护系统。DCS 故障时，ESD 联锁系统作为最后一道安全防线将装置安全地停下来，避免事故扩大。

（2）安装 ESD 的意义。近半个世纪以来，工业的飞速发展给人们带来巨大经济效益的同时，也伴随着越来越多的火灾、爆炸等事故。特别是高温、高压、易燃易爆、有毒的化工行业以及一些大型高速运转设备，一旦发生一次事故，将会导致巨大经济损失，轻者设备损坏，重者机毁人亡。因此，ESD 防护对于减少损失、提高产品质量与生产效率具有非常重要的意义。

对于大型装置或旋转机械设备而言，实时控制装置中紧急停车系统响应速度越快越好。这有利于保护设备，避免事故扩大，并有利于分辨事故原因。DCS 处理大量过程监测信息，因此其响应速度难以达到很快；DCS 系统是过程控制系统，是动态的，需要人工频繁地干预，而且 DCS 操作界面主要是面对操作人员的，这有可能引起人为误动作。而 ESD 是静态的，不需要人为干预，这样设置 ESD 可以避免人为误动作。据有关资料，人在危险时刻的判断和操作往往是滞后的、不可靠的，当操作人员面临生命危险时，要在 60 s 内作出反应，错误决策的概率高达 99.9%。因此，设置独立于控制系统的 ESD 系统是十分必要的，这是做好安全生产的重要准则。在正常范围内允许控制系统自动切换和手动操作，但操作人员某些重大失误也可能造成不安全，为了克服人为的不安全因素，安全系统应从一般控制系统分离出来；装置周围环境如发生火灾或可燃性气体、有毒气体导致影响设备安全和人身安全时，也需要安全系统发挥作用。

8. 仪表联锁保护系统是什么？仪表联锁保护系统有什么技术要求？

仪表联锁保护系统是指按装置的工艺过程要求和设备要求，使相应的执行机构动作，或自动启动备用系统，或实现安全停车。联锁保护系统既能保护装置和设备的正常开、停、运转，又能在工艺过程出现异常情况时，按规定的程序保证安全生产，实现紧急操作（切断或排放）、安全停车、紧急停车或自动投入备用系统。危险化学品生产企业应按照相关规范的要求设置过程控制、安全仪表及联锁系统，并满足《石油化工安全仪表系统设计规范》（GB/T 50770—2013）的要求。仪表联锁保护系统包括紧急停车系统（ESD）、安全仪表系统（SIS）、安全停车系统（SSD）、安全保护系统（SPS）、逻辑运算器、继电器等。

联锁保护系统的技术要求包括：

（1）功能安全系列标准（IEC 61508/61511）规定了安全仪表系统能实现人身保护、环境保护、工厂和设备保护的功能，应独立于 DCS 系统和其他子系统单独设置，必须设计成故障安全型，所有的安全仪表系统要符合功能安全系列标准的要求。

（2）设计严格按照《石油化工安全仪表系统设计规范》（GB/T 50770—2013）执行，要防止不足设计、过度设计，不得将安全联锁保护系统用于普通的过程控制、两位式控制或逻辑控制。

（3）联锁保护装置原则上独立设置，检测元件、执行机构、逻辑运算器原则上也独立设置。

（4）联锁保护系统设置有手动复位开关，当联锁动作后，必须进行手动复位才能重新投运，有时复位开关还设置在现场或执行器上。

（5）紧急停车的联锁保护系统具有手动停车功能，以确保在出现操作事故、设备事故、联锁失灵的异常状态时实现紧急停车。

（6）联锁保护系统中的相关设备应设立明显的警示标识。凡是紧急停车按钮、开关，一定要设有适当护罩。

（7）重要的执行机构要具有安全措施，一旦能源中断，使执行机构趋向并进入的最终（或所处）位置能确保工艺过程和设备处于安全状态。

（8）联锁保护系统动作时，同时伴有声光报警；灯光显示应采用闪光、平光或熄灭表示报警顺序的不同状态。红色灯光表示越限报警或紧急状态，黄色灯光表示预报警，绿色灯光表示运转设备或过程变量正常。联锁报警常与其他工艺变量共用信号报警系统，因此也能进行消声、确认和试验。

（9）部分联锁保护系统设有投入/解除开关（或钥匙型转换开关）。解除位置时，联锁保护系统则失去保护功能，并设有明显标志显示其状态，系统应有相应记录；联锁保护系统中部分重要联锁参数通常还设有旁路开关，并设有明显标志显示其状态，系统也应有相应记录。

（10）联锁保护系统还具有延时、缓冲、记忆、保持、选择、触发及第一原因识别等功能。在联锁保护装置中还有信息存储、事故打印等功能。

（11）在爆炸危险场所的联锁保护系统，按防爆要求采取合理的正压防爆、隔离防爆或本安防爆等措施，与非危险区电信号（或供电）连接，还设有合理的隔离设施。检测元件及执行器在室外安装时，一般具有全天候的外壳和敷线保护。

四、重大危险源视频监控系统

1. 重大危险源罐区音视频监控安装与管理应遵循哪些原则？有什么具体技术要求？

（1）重大危险源罐区应设置音视频监控报警系统，监视突发的危险因素或初期的火灾报警等情况。摄像头的设置个数和位置，应根据罐区现场的实际情况而定，既要覆盖全面，也要重点考虑危险性较大的区域。

摄像视频监控报警系统应可实现与危险参数监控报警的联动。

摄像监控设备的选型和安装要符合相关技术标准，有防爆要求的应使用防爆摄像机或采取防爆措施。

摄像头的安装高度应确保可以有效监控到储罐顶部。

（2）音视频编解码标准应符合国家相关标准，图像分辨率支持 QCIF、CIF 和 D1 格式，也支持 NTSC 制。

视频服务器支持多路视频输入，每路可扩展。

视频服务器网络协议采用 TCP/IP，支持固定 IP 及动态 IP 用户联网，支持扩展网络应用，宜带 1 路外接上网 LAN 口，直接上网。

视频监控系统应与罐区安全监控系统联网，为其提供信息，也可单独配置报警装备。

根据现场需要，可安装红外摄像报警装备，及时发现不安全因素。

2. 重大危险源罐区安全监控装备的管理应满足哪些要求？

（1）对于安全监控装备的可靠性保障方面

1）按照相关标准规范的规定，正确设置和施工，避免设置和施工的不规范而造成故障。

2）在设置时，应考虑安全监控系统的故障诊断和报警功能。

3）对于重要的监控仪器设备，应有“冗余”设置，以便在监控仪器设备出现故障时，及时切换。

4）在设置安全监控装备时，要充分考虑仪器设备的安装使用环境和条件，为正确选型提供依据。

5）对于环境空气中有害物质的自动监测报警仪器，要求正确设置监测报警点的数量和位置。对现场裸露的监控仪器设备采取防水、防尘和抗干扰措施。

（2）安全监控装备的检查和维护方面

1）安全监控装备应定期进行检查、维护和校验，保持其正常运行。

2）强制计量检定的仪器和装置，应按有关标准的规定进行计量检定，保持其监控的准确性。

3）安全监控项目中，对需要定期更换的仪器或设备应根据相关规定处理。

（3）安全监控装备的日常管理

1）安全监控项目应建立档案，内容包括监控对象和监控点所在位置、监控方案及其主要装备的名称、监控装备运行和维修记录。

2）在安全监控点宜设立醒目的标志。安全监控设备的表面宜涂醒目漆色，包括接线盒与电缆，易于与其他设备区分，利于管理维护。

3）安全监控装备应分类管理，并根据分类级别制定相应的管理方案。

4）建立安全监控装备的管理责任制，明确各级管理人员、仪器的维护人员及其责任。

思考题

1. 什么是安全仪表系统和安全仪表功能?

2. 对于新建安全仪表系统的企业，应如何统筹管理原有生产控制系统和安全仪表系统?

3. 主要负责人如何组织编制并督促落实重大危险源安全设施管理制度?

第二章
重大危险源安全生产管理

第一节　法律法规管理要求

一、《中华人民共和国安全生产法》对重大危险源管理的要求

1.《中华人民共和国安全生产法》对重大危险源管理的总体要求有哪些?

《中华人民共和国安全生产法》第四十条规定，生产经营单位对重大危险源应当登记建档，进行定期检测、评估、监控，并制定应急预案，告知从业人员和相关人员在紧急情况下应当采取的应急措施。生产经营单位应当按照国家有关规定将本单位重大危险源及有关安全措施、应急措施报有关地方人民政府应急管理部门和有关部门备案。

《中华人民共和国安全生产法》第一百零一条规定，生产经营单位对本单位重大危险源未登记建档，未进行定期检测、评估、监控，未制定应急预案，或者未告知应急措施的，责令限期改正，处 10 万元以下的罚款；逾期未改正的，责令停产停业整顿，并处 10 万元以上 20 万元以下的罚款，对其直接负责的主管人员和其他直接责任人员处 2 万元以上 5 万元以下的罚款；构成犯罪的，依照刑法

有关规定追究刑事责任。

依据以上条款的规定，生产经营单位对重大危险源的管理措施主要有以下几个方面。

（1）登记建档。登记建档是为了对重大危险源的情况有一个总体的掌握，做到心中有数，便于采取进一步的措施。危险化学品单位应当对辨识确认的重大危险源及时、逐项进行登记建档。登记建档应当注意保证档案的完整性、连贯性。

（2）定期检测、评估、监控。检测是指通过一定的技术手段，利用仪器工具对重大危险源的一些具体指标、参数进行测量。评估是指对重大危险源的各种情况进行综合分析、判断，掌握其危险程度。监控是指通过监控系统等装置、设备对重大危险源进行观察、监测、控制，防止其引发危险。检测、评估、监控是为了更好地了解和掌握重大危险源的基本情况，及时发现事故隐患，采取相应的措施，防止生产安全事故的发生。生产经营单位应当将对重大危险源的检测、评估、监控作为一项经常性的工作定期进行。检测、评估、监控应当符合有关技术标准的要求，详细记录有关情况，并出具检测、评估或者监控报告，由有关人员签字并对其结果负责。

（3）制定应急预案。应急预案是关于发生紧急情况或者生产安全事故时的应对措施、处理办法、程序等的事先安排和计划。生产经营单位应当根据本单位重大危险源的实际情况，依法制定重大危险源应急预案，建立应急救援组织或者配备应急救援人员，配备必要的防护装备及应急救援器材、设备、物资，并保障其完好和方便使用；配合地方人民政府应急管理部门制定所在地区涉及本单位的危险化学品事故应急预案。对存在吸入性有毒有害气体等重大危险源，生产经营单位应当按规定配备必要的器材和设备。生产经营单位还应当制订重大危险源事故应急预案演练计划，按要求进行事故应急预案演练。应急预案演练结束后应当对应急预案演练效果进行评估，撰写应急预案演练评估报告，分析存在的问题，对应急预案提出修订意见，并及时修订完善。

（4）告知应急措施。生产经营单位应当告知从业人员和相关人员在紧急情况下应当采取的应急措施。这是生产经营单位的一项法定义务。告知从业人员和其他可能受到影响的相关人员在紧急情况下应当采取的应急措施，有利于从业人员和相关人员对自身安全的保护，也有利于他们在紧急情况下采取正确的应急措施防止事故扩大或者减少事故损失。“相关人员”主要是指重大危险源发生事故时，可能受到损害的生产经营单位以外的人员，如工厂周围的居民等。

2.《中华人民共和国安全生产法》对安全风险分级管控和隐患排查治理的要求有哪些？

生产经营单位建立安全风险分级管控制度及事故隐患排查治理制度，把风险控制在隐患形成之前、把隐患消灭在事故之前，是预防和减少生产安全事故的关键举措。因此，《中华人民共和国安全生产法》第四十一条规定，生产经营单位应当建立安全风险分级管控制度，按照安全风险分级采取相应的管控措施。生产经营单位应当建立健全并落实生产安全事故隐患排查治理制度，采取技术、管理措施，及时发现并消除事故隐患。事故隐患排查治理情况应当如实记录，并通过职工大会或者职工代表大会、信息公示栏等方式向从业人员通报。其中，重大事故隐患排查治理情况应当及时向负有安全生产监督管理职责的部门和职工大会或者职工代表大会报告。

《中华人民共和国安全生产法》第一百零一条规定，生产经营单位未建立安全风险分级管控制度或未按照安全风险分级采取相应管控措施的，或者未建立事故隐患排查治理制度或重大事故隐患排查治理情况未按照规定报告的，责令限期改正，处10万元以下的罚款；逾期未改正的，责令停产停业整顿，并处10万元以上20万元以下的罚款，对其直接负责的主管人员和其他直接责任人员处2万元以上5万元以下的罚款；构成犯罪的，依照刑法有关规定追究刑事责任。

依据以上条款的规定，生产经营单位对安全风险分级管控和隐患排查治理的具体要求包括以下几个方面。

（1）建立安全风险分级管控制度，旨在防范化解重大安全风险。生产经营单位可以通过定期组织开展全过程、全方位的危害辨识、风险评估，严格落实管控措施；针对高风险工艺、高风险设备、高风险场所、高风险岗位和高风险物品等，建立分级管控制度，有效落实管控措施，防止风险演变引发事故。安全风险是指生产经营单位在生产经营活动中造成生产安全事故的可能性，与随之引发的人身伤害或者财产损失严重性的组合。由于生产技术的快速发展，生产经营活动呈现出日益复杂化、多样化趋势，生产经营单位应当对生产活动中各系统、各环节可能存在的安全风险进行辨识评估，对辨识评估出的安全风险采取分级管控的管理措施。《中共中央　国务院关于推进安全生产领域改革发展的意见》提出，企业要定期开展风险评估和危害辨识。针对高危工艺、设备、物品、场所和岗位，建立分级管控制度，制定落实安全操作规程。《关于实施遏制重特大事故工作指南构建双重预防机制的意见》对生产经营单位建立安全风险管控制度提出了进一步的要求。一是要全面开展安全风险辨识。企业要针对本企业类型和特点，制定科学的安全风险辨识程序和方法，全面开展安全风险辨识。二是要科学评定安全风险等级。企业要对辨识出的安全风险进行分类梳理，综合考虑起因物、引起事故的诱导性原因、致害物、伤害方式等，确定安全风险类别。三是要有效管控安全风险。企业要根据风险评估的结果，针对安全风险特点，从组织、制度、技术、应急等方面对安全风险进行有效管控。四是要实施安全风险公告警示。企业要建立完善的安全风险公告制度，并加强风险教育和技能培训，确保管理层和每名员工都掌握安全风险的基本情况及防范、应急措施。

（2）建立事故隐患排查治理和“双报告”制度。生产安全事故隐患是指生产经营单位违反安全生产法律、法规、规章、标准、规程和安全生产管理制度的规定，或者因其他因素在生产经营活动中存在可能导致事故发生的物的危险状态、人的不安全行为和管理上的缺陷。事故隐患是导致事故发生的主要根源之一。根据现行标准的规定，隐患主要有3个方面：物的不安全状态、人的不安全行为和管理上的缺陷。生产经营单位的事故隐患分为一般事故隐患和重大事故隐患。一般事故隐患，是指危害和整改难度较小，发现后能够立即整改排除的隐患。重大事故隐患，是指危害和整改难度较大，应当全部或者局部停产停业，并经过一定时间整改治理方能排除的隐患，或者因外部因素影响致使生产经营单位自身难以排除的隐患。《中共中央　国务院关于推进安全生产领域改革发展的意见》提出，企业要树立隐患就是事故的观念，建立健全隐患排查治理制度、重大隐患治理情况向负有安全生产监督管理职责的部门和企业职工大会或职工代表大会“双报告”制度。生产经营单位应当建立健全并落实生产安全事故隐患排查治理制度，不能把事故隐患排查制度只写在纸上、贴在墙上、锁在抽屉里，要逐步建立并落实从主要负责人到从业人员的事故隐患排查责任制。生产经营单位应当为隐患排查治理工作提供必要的资金和技术保障，定期组织安全生产管理人员、注册安全工程师、工程技术人员和其他相关人员开展事故隐患排查工作。对排查出的生产安全事故隐患，应当按照事故隐患的等级进行登记，建立事故隐患信息档案。对于一般事故隐患，由生产经营单位的车间、班组负责人或者有关人员立即组织整改排除。对于重大事故隐患，由生产经营单位主要负责人员或者有关负责人组织制定并实施隐患治理方案。重大事故隐患的治理方案应当包括治理的目标和任务、采取的方法和措施、经费和装备物资的落实、负责整改的机构和人员、治理的时限和要求、相应的安全措施和应急预案等内容。做到“五落实”，即整改责任人、整改措施、整改资金、整改时限和应急救援预案的落实。生产经营单位在事故隐患排查和治理过程中，应当将排查治理情况如实记录，并通过职工大会或者职工代表大会、信息公示栏等方式向从业人员通报，确保从业人员的知情权。

（3）建立重大事故隐患督办制度。重大事故隐患的危害较大、整改难度大，一旦引发事故将造成严重后果。加强重大事故隐患的治理，是防范和遏制重特大生产安全事故的重要措施。县级以上地方各级人民政府负有安全生产监督管理职责的部门应当将重大事故隐患纳入相关信息系统，建立健全重大事故隐患治理督办制度，督促生产经营单位消除重大事故隐患。通过相关信息系统，能够帮助相关监管执法部门及时掌握企业隐患排查治理情况，加强对企业重大事故隐患治理情况的监督检查。重大隐患督办的方式，可以采取下达督办指令或网上公示。对于某些生产经营单位自身难以解决的重大事故隐患，负有安全生产监督管理职责的部门应当积极协调，指导帮助生产经营单位消除隐患。负有安全生产监督管理职责的部门应当加强重大事故隐患治理过程中的监督检查，发现问题并及时督促整改。重大事故隐患治理结束后，应当及时核销。对于迟迟未按期消除重大事故隐患的生产经营单位，又没有其他客观原因的，负有安全生产监督管理职责的部门应当依法责令其停产整顿，直至提请县级以上人民政府予以关闭。治理工作结束后，有条件的生产经营单位应当组织本单位的技术人员和专家对重大事故隐患的治理情况进行评估；其他生产经营单位应当委托具备相应资质的安全评价机构对重大事故隐患的治理情况进行评估。经治理后符合安全生产条件的，生产经营单位应当向负有安全生产监督管理职责的部门提出恢复生产的书面申请，经负有安全生产监督管理职责的部门审查同意后，方可恢复生产经营。申请报告应当包括治理方案的内容、项目和安全评价机构出具的评价报告等。

二、《危险化学品安全管理条例》对重大危险源管理的要求

1. 储存数量构成重大危险源的危险化学品储存设施选址要求有哪些?

危险化学品生产装置或者储存数量构成重大危险源的危险化学品储存设施（运输工具、加油站、加气站除外），与下列场所、设施、区域的距离应当符合国家有关规定：

（1）居住区以及商业中心、公园等人员密集场所；

（2）学校、医院、影剧院、体育场（馆）等公共设施；

（3）饮用水源、水厂以及水源保护区；

（4）车站、码头（依法经许可从事危险化学品装卸作业的除外）、机场以及通信干线、通信枢纽、铁路线路、道路交通干线、水路交通干线、地铁风亭以及地铁站出入口；

（5）基本农田保护区、基本草原、畜禽遗传资源保护区、畜禽规模化养殖场（养殖小区）、渔业水域以及种子、种畜禽、水产苗种生产基地；

（6）河流、湖泊、风景名胜区、自然保护区；

（7）军事禁区、军事管理区；

（8）法律、行政法规规定的其他场所、设施、区域。

2. 储存数量构成重大危险源的危险化学品仓库的管理要求有哪些?

（1）危险化学品应当储存在专用仓库、专用场地或者专用储存室（统称专用仓库）内，并由专人负责管理；剧毒化学品以及储存数量构成重大危险源的其他危险化学品，应当在专用仓库内单独存放，并实行双人收发、双人保管制度。

（2）危险化学品的储存方式、方法以及储存数量应当符合国家标准或者国家

有关规定。

（3）储存危险化学品的单位应当建立危险化学品出入库核查、登记制度。

（4）对剧毒化学品以及储存数量构成重大危险源的其他危险化学品，储存单位应当将其储存数量、储存地点以及管理人员的情况，报所在地县级人民政府安全生产监督管理部门（在港区内储存的，报港口行政管理部门）和公安机关备案。

（5）危险化学品专用仓库应当符合国家标准、行业标准的要求，并设置明显的标志。储存剧毒化学品、易制爆危险化学品的专用仓库，应当按照国家有关规定设置相应的技术防范设施。

（6）储存危险化学品的单位应当对其危险化学品专用仓库的安全设施、设备定期进行检测、检验。

三、《危险化学品重大危险源监督管理暂行规定》对重大危险源管理的要求

1. 重大危险源辨识、评估与分级要求有哪些？

（1）重大危险源辨识要求。危险化学品单位应当按照《危险化学品重大危险源辨识》（GB 18218—2018）标准，对本单位的危险化学品生产、经营、储存和使用装置、设施或者场所进行重大危险源辨识，并记录辨识过程与结果。

（2）重大危险源评估及分级要求。危险化学品单位应当对重大危险源进行安全评估并确定重大危险源等级。危险化学品单位可以组织本单位的注册安全工程师、技术人员或者聘请有关专家进行安全评估，也可以委托具有相应资质的安全评价机构进行安全评估。

危险化学品单位需要进行安全评价的，重大危险源安全评估可以与本单位的安全评价一起进行，以安全评价报告代替安全评估报告，也可以单独进行重大危险源安全评估。重大危险源根据其危险程度，分为一级、二级、三级和四级，一级为最高级别。

《危险化学品重大危险源监督管理暂行规定》明确规定，重大危险源有下列

情形之一的，应当委托具有相应资质的安全评价机构，按照有关标准的规定采用定量风险评价方法进行安全评估，确定个人和社会风险值：

1）构成一级或者二级重大危险源，且毒性气体实际存在（在线）量与其在《危险化学品重大危险源辨识》（GB 18218—2018）中规定的临界量比值之和大于或等于 1 的。

2）构成一级重大危险源，且爆炸品或液化易燃气体实际存在（在线）量与其在《危险化学品重大危险源辨识》（GB 18218—2018）中规定的临界量比值之和大于或等于 1 的。

依据《危险化学品重大危险源监督管理暂行规定》的规定，重大危险源安全评估报告应当客观公正、数据准确、内容完整、结论明确、措施可行，并包括下列内容：

1）评估的主要依据；

2）重大危险源的基本情况；

3）事故发生的可能性及危害程度；

4）个人风险和社会风险值（仅适用定量风险评价方法）；

5）可能受事故影响的周边场所、人员情况；

6）重大危险源辨识、分级的符合性分析；

7）安全管理措施、安全技术和监控措施；

8）事故应急措施；

9）评估结论与建议。

（3）重大危险源重新辨识和评估要求。危险化学品单位应该加强重大危险源动态评估管理。有下列情形之一的，危险化学品单位应当对重大危险源重新进行辨识、安全评估及分级：

1）重大危险源安全评估已满三年的；

2）构成重大危险源的装置、设施或者场所进行新建、改建、扩建的；

3）危险化学品种类、数量、生产、使用工艺或者储存方式及重要设备、设施等发生变化，影响重大危险源级别或者风险程度的；

4）外界生产安全环境因素发生变化，影响重大危险源级别和风险程度的；

5）发生危险化学品事故造成人员死亡，或者10人以上受伤，或者影响到公共安全的；

6）有关重大危险源辨识和安全评估的国家标准、行业标准发生变化的。

2. 重大危险源登记建档、备案及核销要求有哪些？

（1）重大危险源登记建档要求。危险化学品单位应当对辨识确认的重大危险源及时、逐项进行登记建档。重大危险源档案应当包括辨识、分级记录，重大危险源基本特征表，涉及的所有化学品安全技术说明书等相关文件、资料。

（2）重大危险源备案要求。

1）危险化学品单位在完成重大危险源安全评估报告或者安全评价报告后15日内，应当填写重大危险源备案申请表，连同《危险化学品重大危险源监督管理暂行规定》第二十二条规定的重大危险源档案材料，报送所在地县级人民政府应急管理部门备案。

2）危险化学品单位新建、改建和扩建危险化学品建设项目，应当在建设项目竣工验收前完成重大危险源的辨识、安全评估和分级、登记建档工作，并向所在地县级人民政府应急管理部门备案。

（3）重大危险源核销要求。重大危险源经过安全评价或者安全评估不再构成重大危险源的，危险化学品单位应当向所在地县级人民政府应急管理部门申请核销。

3. 重大危险源档案包括哪些内容？

重大危险源档案应当包括下列文件、资料：

（1）辨识、分级记录；

（2）重大危险源基本特征表；

（3）涉及的所有化学品安全技术说明书；

（4）区域位置图、平面布置图、工艺流程图和主要设备一览表；

（5）重大危险源安全管理规章制度及安全操作规程；

（6）安全监测监控系统、措施说明、检测检验结果；

（7）重大危险源事故应急预案、评审意见、演练计划和评估报告；

（8）安全评估报告或者安全评价报告；

（9）重大危险源关键装置、重点部位的责任人、责任机构名称；

（10）重大危险源场所安全警示标志的设置情况；

（11）其他文件、资料。

除此之外，还应有重大危险源包保主要负责人、技术负责人、操作负责人信息以及相应的履责考核记录。

4. 重大危险源核销需要提交哪些资料？

申请核销重大危险源应当提交下列文件、资料：

（1）载明核销理由的申请书；

（2）单位名称、法定代表人、住所、联系人、联系方式；

（3）安全评价报告或者安全评估报告。

四、安全生产相关文件对重大危险源管理的要求

1.《全国安全生产专项整治三年行动计划》对重大危险源管理的要求有哪些？

2020 年 4 月 1 日，国务院安全生产委员会印发了《全国安全生产专项整治三年行动计划》（安委〔2020〕3 号），明确了 2 个专题实施方案、9 个专项整治实施方案，其中《危险化学品安全专项整治三年行动实施方案》对重大危险源管理作了以下规定。

（1）大力推进危险化学品企业安全风险分级管控和隐患排查治理体系建设，运用信息化手段实现企业、化工园区、监管部门信息共享、上下贯通，2022 年底前涉及重大危险源的危险化学品企业要全面完成以安全风险分级管控和隐患排查治理为重点的安全预防控制体系建设。

（2）全面排查管控危险化学品生产储存企业外部安全防护距离。督促危险化学品生产储存企业按照《危险化学品生产装置和储存设施风险基准》（GB 36894—2018）和《危险化学品生产装置和储存设施外部安全防护距离确定方法》（GB/T 37243—2019）等标准规范确定外部安全防护距离。不符合外部安

全防护距离要求的涉及重大危险源的生产装置和储存设施，经评估具备就地整改条件的，整改工作必须在2020年底前完成，未完成整改的一律停止使用；需要实施搬迁的，在采取尽可能消减安全风险措施的基础上于2022年底前完成；已纳入城镇人口密集区危险化学品生产企业搬迁改造计划的，要确保按期完成。

（3）推进重大危险源生产装置、储存设施可燃气体和有毒气体泄漏检测报警装置、紧急切断装置、自动化控制系统的建设完善，2020年底前涉及重大危险源的生产装置、储存设施的上述系统装备和使用率必须达到100%，未实现或未投用的，一律停产整改。

（4）自2020年5月起，对涉及重大危险源生产装置和储存设施的企业，新入职的主要负责人和主管生产、设备、技术、安全的负责人及安全生产管理人员必须具备化学、化工、安全等相关专业大专及以上学历或化工类中级及以上职称，新入职的涉及重大危险源的生产装置、储存设施操作人员必须具备高中及以上学历或化工类中等及以上职业教育水平；不符合上述要求的现有人员应在2022年底前达到相应水平。

2.《关于全面加强危险化学品安全生产工作的意见》对重大危险源管理的要求有哪些?

（1）按照《化工园区安全风险排查治理导则（试行）》和《危险化学品企业安全风险隐患排查治理导则》等相关制度规范，全面开展安全风险排查和隐患治理。严格落实地方党委和政府领导责任，结合实际细化排查标准，对危险化学品企业、化工园区或化工集中区，组织实施精准化安全风险排查评估，分类建立完善安全风险数据库和信息管理系统，区分“红、橙、黄、蓝”四级安全风险，突出一、二级重大危险源和有毒有害、易燃易爆化工企业，按照“一企一策”“一园一策”原则，实施最严格的治理整顿。

（2）涉及“两重点一重大”（重点监管的危险化工工艺、重点监管的危险化学品和危险化学品重大危险源）的危险化学品建设项目由设区的市级以上政府相关部门联合建立安全风险防控机制。

3.《危险化学品企业重大危险源安全包保责任制办法（试行）》对重大危险源人员配备的要求有哪些?

危险化学品企业应当明确本企业每一处重大危险源的主要负责人、技术负责人和操作负责人，从总体管理、技术管理、操作管理 3 个层面对重大危险源实行安全包保。重大危险源的主要负责人，应当由危险化学品企业的主要负责人担任。重大危险源的技术负责人，应当由危险化学品企业层面技术、生产、设备等分管负责人或者二级单位（分厂）层面有关负责人担任。重大危险源的操作负责人，应当由重大危险源生产单元、储存单元所在车间、单位的现场直接管理人员担任，如车间主任。

4.《危险化学品企业重大危险源安全包保责任制办法（试行）》对重大危险源主要负责人、技术负责人、操作负责人应该履行的职责提出哪些要求?

（1）重大危险源的主要负责人，对所包保的重大危险源负有下列安全职责：

1）组织建立重大危险源安全包保责任制并指定对重大危险源负有安全包保责任的技术负责人、操作负责人；

2）组织制定重大危险源安全生产规章制度和操作规程，并采取有效措施保证其得到执行；

3）组织对重大危险源的管理和操作岗位人员进行安全技能培训；

4）保证重大危险源安全生产所必需的安全投入；

5）督促、检查重大危险源安全生产工作；

6）组织制定并实施重大危险源生产安全事故应急救援预案；

7）组织通过危险化学品登记信息管理系统填报重大危险源有关信息，保证重大危险源安全监测监控有关数据接入危险化学品安全生产风险监测预警系统。

（2）重大危险源的技术负责人，对所包保的重大危险源负有下列安全职责：

1）组织实施重大危险源安全监测监控体系建设，完善控制措施，保证安全监测监控系统符合国家标准或者行业标准的规定；

2）组织定期对安全设施和监测监控系统进行检测、检验，并进行经常性维护、保养，保证有效、可靠运行；

3）对于超过个人和社会可容许风险值限值标准的重大危险源，组织采取相应的降低风险措施，直至风险满足可容许风险标准要求；

4）组织审查涉及重大危险源的外来施工单位及人员的相关资质、安全管理等情况，审查涉及重大危险源的变更管理；

5）每季度至少组织对重大危险源进行一次针对性安全风险隐患排查，重大活动、重点时段和节假日前必须进行重大危险源安全风险隐患排查，制定管控措施和治理方案并监督落实；

6）组织演练重大危险源专项应急预案和现场处置方案。

（3）重大危险源的操作负责人，对所包保的重大危险源负有下列安全职责：

1）负责督促检查各岗位严格执行重大危险源安全生产规章制度和操作规程；

2）对涉及重大危险源的特殊作业、检维修作业等进行监督检查，督促落实作业安全管控措施；

3）每周至少组织一次重大危险源安全风险隐患排查；

4）及时采取措施消除重大危险源事故隐患。

5.《危险化学品企业重大危险源安全包保责任制办法（试行）》对重大危险源的管理措施作了哪些规定？

（1）危险化学品企业应当在重大危险源安全警示标志位置设立公示牌，写明重大危险源的主要负责人、技术负责人、操作负责人姓名、对应的安全包保职责及联系方式，接受员工监督。

（2）重大危险源安全包保责任人、联系方式应当录入全国危险化学品登记信息管理系统，并向所在地应急管理部门报备，相关信息变更的，应当于变更后5日内在全国危险化学品登记信息管理系统中更新。

（3）危险化学品企业应当按照《应急管理部关于全面实施危险化学品企业安全风险研判与承诺公告制度的通知》（应急〔2018〕74号）有关要求，向社会承诺公告重大危险源安全风险管控情况，在安全承诺公告牌企业承诺内容中增加落实重大危险源安全包保责任的相关内容。

（4）危险化学品企业应当建立重大危险源主要负责人、技术负责人、操作负责人的安全包保履职记录，做到可查询、可追溯，企业的安全管理机构应当对包保责任人履职情况进行评估，纳入企业安全生产责任制考核与绩效管理。

五、《中华人民共和国刑法》中涉及安全生产的规定

1. 什么是重大责任事故罪？

重大责任事故罪是指生产、作业中违反有关安全管理的规定，发生重大伤亡事故或者造成其他严重后果的，处 3 年以下有期徒刑或者拘役；情节特别恶劣的，处 3 年以上 7 年以下有期徒刑。

重大责任事故罪的构成要件包括以下 4 个方面。

（1）本罪侵犯的客体是生产、作业的安全。生产、作业的安全是各行各业都十分重视的问题。在生产过程中出现一点问题都有可能导致正常生产秩序的破坏，甚至发生重大伤亡事故，造成财产损失。同时，生产安全也是公共安全的重要组成部分，危害生产安全同样会使不特定多数人的生命、健康或者公私财产遭受重大损失。

（2）客观方面表现为在生产、作业中违反有关安全生产的规定，因而发生重大伤亡事故或者造成其他严重后果的行为。违反有关安全管理的规定而发生重大伤亡事故或者造成其他严重后果，是重大责任事故罪的本质特征。其在实践中多表现为“不服管理”“违反规章制度”。

（3）犯罪主体为一般主体。包括对生产、作业负有组织、指挥或者管理职责的负责人、管理人员、实际控制人、投资人等人员，以及直接从事生产、作业的人员。

（4）主观方面表现为过失。行为人在生产、作业中违反有关安全管理规定，可能是出于故意，但对于其行为引起的严重后果而言，则是过失，因为行为人对其行为造成的严重后果是不希望发生的，之所以发生了安全事故，是由于行为人在生产过程中严重不负责任，疏忽大意或者对事故隐患不积极采取补救措施，轻信能够避免，结果导致生产安全事故的发生。

2. 什么是强令、组织他人违章冒险作业罪？

强令、组织他人违章冒险作业罪是指强令他人违章冒险作业或者明知存在重大事故隐患而不排除，仍冒险组织作业，发生重大伤亡事故或者造成其他严重后果的，处5年以下有期徒刑或者拘役；情节特别恶劣的，处5年以上有期徒刑。

强令、组织他人违章冒险作业罪的构成要件包括以下4个方面。

（1）本罪侵犯的客体是作业的安全。强令他人违章冒险作业，是对正常的作业安全秩序的严重扰乱和破坏，发生了危害公共安全的后果，即危害了不特定多数人的生命、健康和公私财产的安全。

（2）客观方面表现为强令他人违章冒险作业，因而发生重大伤亡事故或者造成其他严重后果的行为。

（3）犯罪主体为一般主体。包括对生产、作业负有组织、指挥或者管理职责的负责人、管理人员、实际控制人、投资人等人员。

（4）主观方面为过失。强令违章冒险作业罪是结果犯罪，行为人虽然实施了强令他人违章冒险作业的行为，但如果没有发生重大伤亡事故或者造成其他严重后果，只属于一般责任事故，不构成犯罪。

3. 什么是重大劳动安全事故罪？

重大劳动安全事故罪是指安全生产设施或者安全生产条件不符合国家规定，发生重大伤亡事故或者造成其他严重后果的，对直接负责的主管人员和其他直接责任人员，处3年以下有期徒刑或者拘役；情节特别恶劣的，处3年以上7年以下有期徒刑。

重大劳动安全事故罪的构成要件包括以下4个方面。

（1）本罪侵犯的客体是生产安全。保护劳动者在生产过程中的安全与健康，是生产经营单位的法律义务和责任。

（2）客观方面表现为安全生产设施或者安全生产条件不符合国家规定，因而发生重大伤亡事故或者造成其他严重后果的行为。

（3）犯罪主体为一般主体，是指对安全生产设施或者安全生产条件不符合国家规定负有直接责任的生产经营单位负责人、管理人员、实际控制人、投资人，以及其他对安全生产设施或者安全生产条件负有管理、维护职责的人员。

（4）主观方面由过失构成。行为人应当预见到安全生产设施或者安全生产条件不符合国家规定所产生的后果，但由于疏忽大意没有预见或者虽然已经预见，但轻信可以避免，结果导致发生了重大安全生产事故。

4. 什么是危险作业罪？

危险作业罪是指在生产、作业中违反有关安全管理的规定，有下列情形之一，具有发生重大伤亡事故或者其他严重后果的现实危险的，处 1 年以下有期徒刑、拘役或者管制：

（1）关闭、破坏直接关系生产安全的监控、报警、防护、救生设备、设施，或者篡改、隐瞒、销毁其相关数据、信息的；

（2）因存在重大事故隐患被依法责令停产停业、停止施工、停止使用有关设备、设施、场所或者立即采取排除危险的整改措施，而拒不执行的；

（3）涉及安全生产的事项未经依法批准或者许可，擅自从事危险物品生产、经营、储存等高度危险的生产作业活动的。

"未经依法批准或者许可"主要包括以下 4 种情形：

（1）自始未取得批准或者许可；

（2）批准或者许可被暂扣、吊销、注销等；

（3）虽然有批准或者许可，但批准或者许可是非法的，如以欺骗、贿赂等非法手段获取的批准或者许可；

（4）超过批准或者许可的期限、范围。

实践中普遍存在的"边申请、边审批、边开工"等"程序性违法"的情况，即使事后依法取得了批准或者许可，也可以认为依法取得批准或者许可前的阶段属于"未经依法批准或者许可"。

危险作业罪的构成要件包括以下 4 个方面。

（1）危险作业罪的客体是生产、作业中有关安全生产的管理制度和公共安全。危险作业罪不要求实际发生生产、作业事故，只要"具有发生重大伤亡事故或者其他严重后果的现实危险"，即可成立本罪。危险作业罪不以结果为导向，注重安全生产过程的管控，关口前移，把发生事故的各种因素消灭在萌芽状态。

（2）危险作业罪的客观方面表现为在生产、作业中违反有关安全管理的规定，关闭、破坏直接关系生产安全的监控、报警、防护、救生设备、设施，或者篡改、隐瞒、销毁其相关数据、信息；因存在重大事故隐患被依法责令停产停业、停止施工、停止使用有关设备、设施、场所或者立即采取排除危险的整改措施，而拒不执行；涉及安全生产的事项未经依法批准或者许可，擅自从事危险物品生产、经营、储存等高度危险的生产作业活动。

（3）危险作业罪的犯罪主体为一般主体，凡年满 16 周岁、具有刑事责任能力的自然人均可以构成本罪。

（4）危险作业罪的主观方面是故意。本罪属于故意犯罪。

5. 重大责任事故罪、重大劳动安全事故罪、强令违章冒险作业罪中的“重大伤亡事故”“其他严重后果”“情节特别恶劣”的含义是什么？

（1）“重大伤亡事故”“其他严重后果”的含义

具有下列情形之一的，应当认定为“发生重大伤亡事故或者造成其他严重后果”：

1）造成死亡 1 人以上，或者重伤 3 人以上的；

2）造成直接经济损失 100 万元以上的；

3）造成其他严重后果或者重大安全事故的情形。

（2）“情节特别恶劣”的含义

具有下列情形之一的，应当认定为“情节特别恶劣”：

1）造成死亡 3 人以上或者重伤 10 人以上，负事故主要责任的；

2）造成直接经济损失 500 万元以上，负事故主要责任的；

3）其他造成特别严重后果、情节特别恶劣或者后果特别严重的情形。

6. 什么是不报谎报安全事故罪？不报谎报安全事故罪中“情节严重”和“情节特别严重”的含义是什么？

不报谎报安全事故罪是指在安全事故发生后，负有报告职责的人员不报或者谎报事故情况，贻误事故抢救，情节严重的，处 3 年以下有期徒刑或者拘役；情节特别严重的，处 3 年以上 7 年以下有期徒刑。

安全事故发生后，负有报告职责的人员不报或者谎报事故情况，贻误事故抢救，具有下列情形之一的，应当认定为不报谎报安全事故罪中的“情节严重”。

（1）导致事故后果扩大，增加死亡 1 人以上，或者增加重伤 3 人以上，或者增加直接经济损失 100 万元以上的。

（2）实施下列行为之一，致使不能及时有效开展事故抢救的：

1）决定不报、迟报、谎报事故情况或者指使、串通有关人员不报、迟报、谎报事故情况的；

2）在事故抢救期间擅离职守或者逃匿的；

3）伪造、破坏事故现场，或者转移、藏匿、毁灭遇难人员尸体，或者转移、藏匿受伤人员的；

4）毁灭、伪造、隐匿与事故有关的图纸、记录、计算机数据等资料以及其他证据的。

（3）其他情节严重的情形。具有下列情形之一的，应当认定为不报谎报安全事故罪中的“情节特别严重”：

1）导致事故后果扩大，增加死亡 3 人以上，或者增加重伤 10 人以上，或者增加直接经济损失 500 万元以上的；

2）采用暴力、胁迫、命令等方式阻止他人报告事故情况，导致事故后果扩大的；

3）其他情节特别严重的情形。

思考题

1. 企业如何落实安全生产法律法规及相关文件对重大危险源管理的要求？

2. 重大危险源主要负责人在落实相关法律法规、文件对重大危险源管理要求中发挥什么作用？

第二节 重大危险源主要负责人履责要求

一、安全包保职责要求

如何理解主要负责人的重大危险源安全包保职责要求?

生产经营单位的主要负责人是本单位工作的主要决策者和决定者，只有主要负责人做到全面履责，才能做好安全生产工作。《中华人民共和国安全生产法》对生产经营单位主要负责人提出了7条职责要求。《危险化学品重大危险源监督管理暂行规定》提出“主要负责人对本单位的重大危险源安全管理工作负责，并保证重大危险源安全生产所必需的安全投入”的要求。重大危险源安全包保责任制对主要负责人的职责要求是根据《中华人民共和国安全生产法》与《危险化学品重大危险源监督管理暂行规定》中有关主要负责人和重大危险源的相关要求确定的。

根据《危险化学品企业重大危险源安全包保责任制办法（试行)》，主要负责人应从总体管理层面对重大危险源实行安全包保，其职责内容及含义如下。

（1）组织建立重大危险源安全包保责任制并指定对重大危险源负有安全包保责任的技术负责人和操作负责人。此条规定是根据《中华人民共和国安全生产法》主要负责人职责“建立、健全并落实本单位全员安全生产责任制”和《危险化学品重大危险源监督管理暂行规定》中“主要负责人对本单位的重大危险源安全管理工作负责”的要求确定的。保证重大危险源的安全不是主要负责人一个人的事情，而是企业每一个部门、每一个岗位、每一个从业人员的共同责任。因此，只有通过建立、健全并落实全员安全生产责任制，层层压实安全生产责任，做到事事有人管、处处有人查，一级对一级负责，才能真正保证重大危险源的安全。

技术负责人和操作负责人是落实重大危险源包保责任环节中的重要角色，负责重大危险源包保责任措施的具体落实。主要负责人要充分发挥他们的作用，明确他们的职责，授予他们应有的权利，要求他们把好重大危险源本质安全和重大危险源从业人员行为安全的关口，以此将主要负责人的包保责任落到实处。

（2）组织制定重大危险源安全生产规章制度和操作规程，并采取有效措施保证其得到执行。此条规定是根据《中华人民共和国安全生产法》主要负责人职责"组织制定并实施本单位安全生产规章制度和操作规程"和《危险化学品重大危险源监督管理暂行规定》中"危险化学品单位应当建立完善重大危险源安全管理规章制度和安全操作规程，并采取有效措施保证其得到执行"的要求确定的。

通过分析历年来涉及重大危险源的一些重特大事故，大多与作业时存在"三违"现象有关，违反操作规程的现象尤为显著。如山东石大科技公司的"7·16"爆炸事故就是操作人员违规采用从液化气球罐底部注水的方式进行倒罐，且倒罐时作业人员脱岗，致使液化气泄漏后不能及时发现，最终导致事故发生。吉林石化双苯厂"11·13"爆炸事故也是作业人员违反操作规程，将通过预热器的物料与蒸汽切换顺序颠倒，致使进入预热器的物料突沸并发生管道剧烈振动，引起预热器及管线的法兰松动，空气吸入系统而导致爆炸事故发生。因此，主要负责人要落实重大危险源包保责任，不仅要组织制定各项规章制度，还要采取强有力措施推行和实施有关制度，坚决整治"三违"现象。要在企业强力推动各项管理制度的落实，要求各岗位员工严格执行操作规程和各项管理制度，做到"有章必循、有令必遵"。

（3）组织对重大危险源的管理和操作岗位人员进行安全技能培训。此条规定是根据《中华人民共和国安全生产法》主要负责人职责"组织制定并实施本单位安全生产教育和培训计划"确定的。《特种作业人员安全技术培训考核管理规定》明确要求化工企业特种作业人员应当具备高中或者相当于高中及以上文化程度。重大危险源操作负责人应参照《危险化学品安全专项整治三年行动实施方案》对主管生产、设备、技术、安全的负责人及安全生产管理人员提出的学历要求，从提高自身业务素质入手，做到能干、会干。因此，主要负责人抓好涉及重大危险源管理和作业人员的安全技能培训工作，全面提升员工的安全素质，是保障安全生产的基础性工作。

（4）保证重大危险源安全生产所必需的安全投入。此条规定是根据《中华人民共和国安全生产法》主要负责人职责“保证本单位安全生产投入的有效实施”和《危险化学品重大危险源监督暂行规定》中“主要负责人保证重大危险源安全生产所必需的安全投入”的要求确定的。安全投入不足，可能会因为重大危险源本质安全低、设备设施自动化程度不高、隐患不能及时得到整改、员工培训教育不能及时完成导致重大危险源风险激增，隐患重重。一旦出现险情，可能会因为处置能力不足造成事故。

（5）督促、检查重大危险源安全生产工作。此条规定是根据《中华人民共和国安全生产法》主要负责人职责“组织建立并落实安全风险分级管控和隐患排查治理双重预防工作机制，督促、检查本单位的安全生产工作，及时消除生产安全事故隐患”确定的。重大危险源能量聚集，一旦发生事故后果往往比较严重。因此，经常开展对重大危险源的安全检查、排查隐患，对发现的隐患及时采取措施消除或削减风险等级，确保重大危险源始终处于受控状态。《中华人民共和国安全生产法》明确规定，化工企业要建立安全风险分级管控和隐患排查治理双重预防工作机制，要求企业对查出来的隐患通过分级分类分别采取措施进行整改，对重大危险源企业发现的重大隐患必须上报包保主要负责人采取措施立即整改。技术负责人和操作负责人要从技术层面和操作层面抓好隐患排查和整改工作，在主要负责人的统一领导下，各尽其责，消除隐患。

（6）组织制定并实施重大危险源生产安全事故应急救援预案。此条规定是根据《中华人民共和国安全生产法》主要负责人职责“组织制定并实施本单位的生产安全事故应急救援预案”确定的。应急工作是防止事故扩大的最后一道关口，重大危险源事故后果的严重性决定了重大危险源企业必须抓好应急管理工作。主要负责人要亲自组织、审核、签发应急预案，明确自身在重大危险源应急体系中的角色和职责。主要负责人通过组织、参与应急体系建设的全过程，切实让应急预案发挥真正作用，并在安全投入方面给予员工应急演练支持，全面提升应急处置能力。

（7）组织通过危险化学品登记信息管理系统填报重大危险源有关信息，保证重大危险源安全监测监控有关数据接入危险化学品安全生产风险监测预警系统。此条规定是依据《危险化学品重大危险源监督暂行规定》中“危险化学品单位应当根据构成重大危险源的危险化学品种类、数量、生产、使用工艺（方式）或者相关设备、设施等实际情况，按照下列要求建立健全安全监测监控体系，完善控制措施”确定的。《关于开展危险化学品重大危险源在线监控及事故预警系统建设试点工作的通知》（安监总厅管三〔2016〕110号）进一步提出了“各级政府监管部门要组织开展危险化学品重大危险源在线监控及事故预警系统试点工作”的要求。企业主要负责人应组织相关人员通过危险化学品登记信息管理系统填报重大危险源有关信息，确保重大危险源安全监测监控有关数据接入危险化学品安全生产风险监测预警系统。

二、履责措施

1. 重大危险源主要负责人应如何指定技术负责人和操作负责人？

《危险化学品企业重大危险源安全包保责任制办法（试行）》明确了危险化学品企业应当明确本企业每一处重大危险源的主要负责人、技术负责人和操作负责人，主要负责人要指定对重大危险源负有安全包保责任的技术负责人、操作负责人。在人员任职条件方面，重大危险源的技术负责人，应当由危险化学品企业层面技术、生产、设备等分管负责人或者二级单位（分厂）层面有关负责人担任；操作负责人应当由重大危险源生产单元、储存单元所在车间、单位的现场直接管理人员担任，如车间主任。因此，主要负责人要想使其重大危险源包保责任真正落地，就要在技术负责人和操作负责人的选用上慎重考虑。在满足职位要求的同时，还要满足能力和权限要求。《危险化学品安全专项整治三年行动实施方案》明确了可以担任技术负责人的人员专业和学历要求，这就要求主要负责人在选用包保责任人时，卡住学历关，以此保障技术负责人的素质和能力。操作负责人虽然没有明确的学历条件要求，但车间主任一般是从生产一线岗位提拔的，至少应是高中学历。对于小型企业而言，存在技术负责人、操作负责人由同一人担任的现象。这种身兼两职的做法自然不能保证包保责任制的有效落实。企业主要负责人要统筹考虑，按照包保责任制要求，合理选用包保人，使其有能力、有精力履行好自己的包保责任。

2. 重大危险源主要负责人应如何组织制定并实施重大危险源安全生产规章制度和操作规程?

企业管理制度是落实全员岗位安全生产责任制的重要抓手，只有严格执行制度才能体现责任制的落实情况。企业涉及重大危险源的管理制度很多，如防火防爆管理制度、装卸作业管理制度、特殊作业管理制度、变更管理制度、仓储管理制度、应急消防管理制度等，尤其是重大危险源的包保管理制度和重大危险源风险分级管控制度，为重大危险源安全运行提供制度保障。在制度管理方面，要做到覆盖全面、切合实际，并定期审视管理制度的合规性和有效性等；在制度执行方面，要做到遵章守纪，不做违反管理制度的事情。主要负责人首先要以身作则，从提高安全领导力入手，带头执行企业管理制度，带头开展隐患排查治理工作，带头查处违章行为，带头参加安全专题会议，定期研究重大危险源重大隐患问题及重大风险问题。只有这样，才能带动全员各尽其责，使安全责任制真正落实到位。

操作规程是化工企业规范操作的“法”，违反操作规程操作就是违“法”操作。重大危险源企业违反操作规程作业可能导致严重事故的发生。如 2012 年发生的广东清远某化工有限公司“3·26”爆炸火灾事故，原因是操作工人没有严格按照操作规程操作，在试生产过程存在违章操作行为，仅凭经验进行操作，最后导致事故发生。主要负责人包保职责中已明确要组织制定重大危险源操作规程，就是要求主要负责人要高度重视操作规程对于重大危险源安全运行的重要性，不仅要组织制定，更要求操作负责人督促全体岗位人员严格执行。

《关于加强化工过程安全管理的指导意见》（安监总管三〔2013〕88 号）明确了企业应制定操作规程管理制度，规范操作规程内容，明确操作规程的编写、审查、批准、分发、使用、控制、变更修订及废止的程序和职责，确保操作规程覆盖全面、有效、可操作性强。同时还明确了应鼓励生产一线操作人员参与操作规程的编制，将生产操作经验融入操作规程中。

主要负责人应指定技术负责人全程负责重大危险源操作规程的编制工作，并组织生产、工艺、安全、应急等专业人员以及岗位操作人员参与编制操作规程。

3. 重大危险源主要负责人应如何组织重大危险源管理和操作岗位人员的安全技能培训?

员工素质是决定重大危险源安全运行的重要因素。主要负责人要高度重视员工素质对企业安全生产的影响，在做好新入职的从业人员学历把控工作的同时，认真组织新员工的技能培训和在岗员工的每年再培训工作。《生产经营单位安全培训规定》中规定了新上岗从业人员安全培训时间不得少于72学时，每年接受再培训的时间不得少于20学时，以及调整工作岗位或离岗人员的培训要求；同时也规定了主要负责人和安全管理人员的培训要求。《特种作业人员安全技术培训考核管理规定》明确了在涉及重大危险源场所从事特殊作业、危险化工工艺、生产装置操作岗位的特种作业人员的培训要求。主要负责人主要围绕以下几点做好工作：

（1）清楚地了解所有涉及重大危险源的人员培训要求；

（2）督促技术负责人和操作负责人认真做好培训计划，审查培训方案；

（3）监督检查、落实培训工作计划，了解培训过程的实施以及培训效果的评估等各环节工作；

（4）保障相关安全培训经费的投入；

（5）合理安排工作，保证接受培训的人员有充足的培训时间。

通过以上举措，切实将员工的教育培训工作落到实处，真正使培训达到预期效果。

4. 重大危险源主要负责人应如何保证安全生产所必需的安全投入?

确保企业重大危险源安全生产所必需的安全投入，是保证重大危险源安全的基本要求。无论是本质安全水平提升、隐患整改、从业人员培训教育、应急预案演练，无不需要资金的支持。《中共中央　国务院关于推进安全生产领域改革发展的意见》中明确企业法定代表人和实际控制人同为安全生产第一责任人。重大危险源包保主要负责人必须保障足够的安全投入。《中华人民共和国安全生产法》也明确规定：生产经营单位应当具备的安全生产条件所必需的资金投入，由生产经营单位的决策机构、主要负责人或者个人经营的投资人予以保证，并对由于安全生产所必需的资金投入不足导致的后果承担责任。

《企业安全生产费用提取和使用管理办法》规定了安全费用的提取标准和使用范围，同时明确了提取方式为逐月提取。不属于使用范围内的费用不得列入安全投入。安全生产费用的使用范围主要包括：

（1）完善、改造和维护安全防护设施设备支出（不含“三同时”要求初期投入的安全设施），包括车间、库房、罐区等作业场所的监控、监测、通风、防晒、调温、防火、灭火、防爆、泄压、防毒、消毒、中和、防潮、防雷、防静电、防腐、防渗漏、防护围堤或者隔离操作等设施设备支出；

（2）配备、维护、保养应急救援器材、设备支出和应急演练支出；

（3）开展重大危险源和事故隐患评估、监控和整改支出；

（4）安全生产检查、评价（不包括新建、改建、扩建项目安全评价）、咨询和标准化建设支出；

（5）配备和更新现场作业人员安全防护用品支出；

（6）安全生产宣传、教育、培训支出；

（7）安全生产适用的新技术、新标准、新工艺、新装备的推广应用支出；

（8）安全设施及特种设备检测检验支出；

（9）其他与安全生产直接相关的支出。

综上所述，重大危险源主要负责人要保证重大危险源安全，就必须按照规定要求保证足额的安全投入，且不得随意挪用安全投入，否则将承担相应法律后果。

企业应建立安全费用管理制度，明确费用提取依据和标准、费用提取方式、费用管理单位、费用使用范围等；同时建立安全费用使用台账，定期统计分析安全费用提取和使用情况。

根据《企业安全生产费用提取和使用管理办法》，企业应以上年度实际营业收入为计提依据，采取超额累退方式按照以下标准平均逐月提取：

（1）营业收入不超过 1 000 万元的，按照 4%提取；

（2）营业收入超过 1 000 万元至 1 亿元的部分，按照 2%提取；

（3）营业收入超过 1 亿元至 10 亿元的部分，按照 0.5%提取；

（4）营业收入超过 10 亿元的部分，按照 0.2%提取。

5. 重大危险源主要负责人应如何督促、检查重大危险源安全生产工作?

重大危险源主要负责人参与企业隐患排查治理工作是《中华人民共和国安全生产法》规定的职责之一，也是包保责任制中要求主要负责人必须履行的职责之一。主要负责人不仅要督促技术负责人、操作负责人对重大危险源开展隐患排查工作，还要亲自组织并直接参与综合性隐患排查工作及必要的专项排查工作。综合性排查工作的重点是排查全员安全生产责任制的落实情况、各项专业管理制度和安全生产管理制度的执行情况以及化工过程安全管理各要素落实的实际运行情况。在重大危险源场所，要围绕化工过程安全管理各要素要求，对重大危险源开展排查，对发现的重大隐患问题及重大风险问题及时采取措施予以消除，并按照要求及时上报政府安全监管部门，对不能及时整改的要落实管控措施降低风险等级。

6. 重大危险源主要负责人应如何制定并实施重大危险源事故生产安全事故应急救援预案?

重大危险源主要负责人是企业事故应急处置的总指挥，在整个应急预案体系中占据着重要位置。主要围绕以下几点做好以下几项工作：

（1）组织建立重大危险源应急救援体系，并组织编制、评审应急救援预案，完善各应急组织机构及职责，签署发布评审后的预案；

（2）按照应急预案要求组织技术负责人、操作负责人配备相应应急资源，明确应急救援人员；

（3）督促操作负责人定期开展应急演练，不断提高应急人员能力，增强预案的实用性、检验应急组织职责分工合理性；

（4）保障应急演练所需经费；

（5）建立应急授权管理机制，防范遏制重特大事故；

（6）组织与周边企业及地方政府部门建立应急联动协作机制，发挥应急救援效力。

重大危险源主要负责人要充分认识到自身在企业应急管理中的地位和作用，按照法定要求做好职责范围内的工作，只有这样，才能使重大危险源事故后果降到最低。

7. 重大危险源主要负责人应如何组织填报重大危险源有关信息并保证监测监控数据接入风险监测预警系统?

涉及重大危险源的信息众多，既包括危险化学品数量、种类、危险性、储存方式、重大危险源级别、所处地理位置等信息，还包括包保责任人信息及后果波及范围信息。重大危险源安全监测监控数据包括温度、压力、液位、流量、组分、工艺报警等数据。主要负责人要做好本企业重大危险源监测监控信息的上传工作，对不满足要求的监测监控系统提升改造。同时，应急管理部门也可以通过对辖区重大危险源安全运行情况的在线巡查抽查工作，保证重大危险源预警信息出现异常时能够及时推送给对应的安全包保责任人，并督促企业消除隐患，将隐患消灭在萌芽状态。

要做好这一点，就要求主要负责人正确认识信息上传的作用和重要性，切实提高企业重大危险源监测监控仪表的投用率和完好率，并不断完善监测监控点位和信息内容，不虚报、瞒报异常工况的报警，及时处置工艺报警，消除事故隐患。

8. 如何做好重大危险源主要负责人包保履责方面的考核?

做好履责，就必须辅以定期考核。制定翔实、尽可能量化的考核表并对照考核内容逐项进行考核，有助于落实包保责任。如主要负责人组织开展综合性隐患排查的次数是否符合规定要求，当期的安全投入是否按照规定足额提取，新招聘入厂的员工学历是否满足规定要求等。

《危险化学品企业重大危险源安全包保责任制办法（试行)》明确指出：危险化学品企业应当建立重大危险源主要负责人、技术负责人、操作负责人的安全包保履职记录，做到可查询、可追溯，企业的安全管理机构应当对包保责任人履职情况进行评估，纳入企业安全生产责任制考核与绩效管理。

重大危险源包保主要负责人要督促安全管理部门根据技术负责人和操作负责人考核标准，做好技术负责人和操作负责人的履责考核工作。

涉及重大危险源主要负责人履责的内容举例见表2-1。

表2-1 企业主要负责人个人安全行动计划建议内容

序号	行动内容	作用和目的	行动要求
1	定期参加安全生产委员会会议	定期总结分析安全工作，部署下一阶段主要安全工作，明确个人安全工作重点	完成相关工作总结，制定下一阶段工作方案，结合会议要求修订完善下一阶段工作计划
2	到安全联系点开展活动	加强对关键装置和要害部位的安全监管，进一步落实安全责任	帮助、督促安全联系点解决安全生产问题
3	审核直接下属“个人安全行动计划”执行情况	督促制定并完善“个人安全行动计划”，逐项检查落实情况	收集直接下属材料，按计划督促检查工作
4	带头参与风险辨识活动，跟踪检查隐患治理情况	确保风险得到全面辨识，隐患得到有效治理	结合各项工作辨识安全风险，全面了解隐患整改情况
5	有针对性地组织参与应急管理工作	加强应急管理，提高应对突发情况的综合能力，完善预案	审定演练计划，完善应急预案，指导相关单位和部门
6	参加班组级安全活动	了解企业的安全生产现状，获取安全生产第一手信息	记录发现的问题，制定解决方案并督促执行

化工企业专职安全管理部门应承担起安全生产的考核管理工作，要严格按照考核标准定期开展考核，重点评议主要负责人在包保重大危险源安全方面履责情况，向主要负责人提出提升履责能力的合理化建议，并将技术负责人和操作负责人的履责考核情况及时向主要负责人汇报。只有上下联动、齐抓共管，才能保证重大危险源的安全运行。

思考题

1. 重大危险源的主要负责人应如何履行好对所包保的重大危险源负有的安全职责？

2. 重大危险源主要负责人在企业安全生产工作中如何发挥作用？

第三节　人员培训管理

一、危险化学品企业从业人员培训要求

1. 从业人员培训要求有哪些?

根据《生产经营单位安全培训规定》，从业人员是指生产经营单位的全体人员，包括主要负责人、安全生产管理人员、特种作业人员和其他从业人员。《中华人民共和国安全生产法》规定，企业应当对从业人员进行安全生产教育和培训，保证从业人员具备必要的安全生产知识，熟悉有关的安全生产规章制度和安全操作规程，掌握本岗位的安全操作技能，了解事故应急处理措施，知悉自身在安全生产方面的权利和义务。未经安全生产教育和培训合格的从业人员，不得上岗作业。具体要求如下：

（1）主要负责人、安全生产管理人员的培训要求。主要负责人、安全生产管理人员，自任职之日起 6 个月内，必须经应急管理部门对其安全生产知识和管理能力考核合格。初次安全培训时间不得少于 48 学时，每年再培训时间不得少于 16 学时。

（2）特种作业人员培训要求。在涉及重大危险源场所从事特殊作业、危险化工工艺、生产装置操作岗位的特种作业人员，应当接受与其所从事的特种作业相应的安全技术理论培训和实际操作培训，取得相应工种的特种作业人员资格证书。特种作业人员初训 72 学时，复审培训不少于 8 学时。离开特种作业岗位 6 个月以上的特种作业人员，应当重新进行实际操作考试，经确认合格后方可上岗作业。

已经取得职业高中、技工学校及中专以上学历的毕业生从事与其所学专业相应的特种作业，持学历证明经考核发证机关同意，可以免予相关专业的培训。跨省、自治区、直辖市从业的特种作业人员，可以在户籍所在地或者从业所在地参加培训。

（3）其他从业人员的培训要求。

1）现场监护人员培训要求。在涉及重大危险源场所从事特殊作业的现场监护人员，应按照《危险化学品企业特殊作业安全规范》要求取得特殊作业监护人员培训合格证书，方可上岗作业。

2）特种设备作业人员培训要求。在重大危险源场所从事压力容器焊接、气瓶充装等特种设备操作、维护作业的人员，应按照《中华人民共和国特种设备安全法》要求，经特种设备安全监督管理部门考核合格，取得特种设备作业人员操作资格证书，方可从事相应作业。

3）新上岗从业人员的培训要求。新上岗的临时工、合同工、劳务工、轮换工、协议工等要进行强制性安全培训，保证其具备本岗位安全操作、自救互救以及应急处置所需的知识和技能后，方能安排上岗作业。新上岗的从业人员安全培训时间不得少于72学时，每年接受再培训的时间不得少于20学时。

4）从业人员重新培训的要求。从业人员在本企业内调整工作岗位或离岗1年以上重新上岗时，应当重新接受车间（工段、区、队）和班组级的安全培训。

新工艺、新技术、新材料等化工（危险化学品）企业实施新工艺、新技术，或者使用新设备、新材料时，或者实施工艺技术变更、设备设施变更后，应当对有关从业人员重新进行有针对性的安全培训。

5）专职应急救援人员培训要求。专职应急救援人员应按照有关规定，经专门应急救援培训，考核合格后，方可上岗，并定期参加复训。

（4）承包商相关人员的培训要求。承包商相关人员应接受化工（危险化学品）企业的入厂安全教育及作业场所安全培训并经考试合格。安全教育培训记录由双方签字后备案。

2. 特种作业人员取证条件有哪些？

根据《特种作业人员安全技术培训考核管理规定》，特种作业人员取证应满足以下条件：

（1）年满18周岁，且不超过国家法定退休年龄；

（2）经社区或者县级以上医疗机构体检健康合格，并无妨碍从事相应特种作业的器质性心脏病、癫痫病、美尼尔氏症、眩晕症、癔病、震颤麻痹症、精神病、痴呆症以及其他疾病和生理缺陷；

（3）具有初中及以上文化程度；

（4）具备必要的安全技术知识与技能；

（5）相应特种作业规定的其他条件。

危险化学品特种作业人员除符合以上要求外，应当具备高中或者相当于高中及以上文化程度。

二、危险化学品企业从业人员培训内容

1. 从业人员培训内容有哪些？

相关法律法规对从业人员培训的基本要求是熟悉有关安全生产规章制度和安全操作规程，具备必要的安全生产知识，掌握本岗位的安全操作技能，增强预防事故、应急处理的能力。但是不同岗位的从业人员安全培训的内容各有侧重。

（1）主要负责人培训内容。根据化工（危险化学品）企业主要负责人安全生产管理知识重点考核内容要求，主要负责人的培训内容包括以下几个方面。

1）危险化学品安全生产的法律、法规、规章及标准。

2）安全领导力。主要包括主要负责人的安全责任，全员安全生产责任制建设要求，安全生产管理机构、安全生产管理人员、注册安全工程师等配备要求，保证安全生产投入的有效实施，安全生产标准化等管理体系的建设及运行要求，企业安全文化建设及运行要求，组织制定并实施本单位安全生产规章制度、操作规程，安全生产教育和培训的要求等。

3）安全风险管理。主要包括安全风险分级管控和隐患排查治理双重预防工作机制的建立与实施要求，危险化学品重大危险源管理要求，试生产和开停车、高风险作业、承包商管理、变更管理的主要风险和管控措施等。

4）应急管理。主要包括应急预案的编制、评审、备案、修订、演练及评估等要求，应急体系建设及运行，危险化学品安全措施及事故应急处置原则等。

5）事故、事件管理。主要包括事故、事件管理及持续改进要求，生产安全事故报告和调查处理的有关规定等。

6）危险化学品安全生产形势及典型事故案例。

7）国内外安全生产先进管理理论。

（2）安全生产管理人员培训内容。根据化工（危险化学品）企业安全生产管理人员安全生产知识重点考核内容要求，安全生产管理人员的培训内容包括以下几个方面。

1）危险化学品安全生产的法律、法规、规章及标准。

2）安全生产管理。主要包括全员安全生产责任制建设要求，安全生产管理人员的法定职责、企业安全生产规章制度、操作规程的编制及实施要求，安全风险分级管控和隐患排查治理双重预防工作机制的实施要求，安全生产标准化等管理体系的建设及运行要求，危险化学品危险源辨识和评估方法，“两重点一重大”的管控措施及管理要求，关键装置、要害部位的主要风险及管控要求，特殊作业的管理要求，变更管理要求，安全生产教育和培训的要求等。

3）安全生产技术。主要包括危险化学品的燃烧爆炸类型和过程，危险化学品燃烧爆炸事故的危害，危险化学品事故的控制和防范措施，泄漏控制与销毁处置技术，危险化学品危害及防护措施，火灾爆炸预防基本原则，点火源及其控制、爆炸控制、防火防爆安全装置及技术，设备、电气、仪表基础知识，安全设施、特种设备、安全仪表系统的基本管理要求等。

4）应急管理。主要包括应急救援预案的编制、评审、备案、修订、演练及评估等要求，应急体系建设及运行，危险化学品安全措施及事故应急处置原则等。

5）事故、事件管理。主要包括事故、事件管理及持续改进要求，生产安全事故报告和调查处理的有关规定等。

6）危险化学品安全生产形势及典型事故案例。

7）国内外安全生产先进管理理论。

（3）特种作业人员培训内容。在涉及重大危险源场所从事特殊作业、危险化工工艺、生产装置操作岗位的特种作业人员，按照《特种作业人员安全技术培训考核管理规定》中规定的特种作业人员培训大纲实施培训。

（4）其他从业人员的培训内容。

1）现场监护人员培训内容。特殊作业现场监护人员培训内容主要包括票证办理知识，监护人的职责，作业现场的工艺流程、生产设备、物料走向、物料特点和环境状况，防火、防爆、防中毒、防窒息、防触电的一般知识，工作危害分析（JSA）方法，防毒面具、正压式空气呼吸器和各式常用灭火器材的使用方法，现场救护的一般知识，撤离路线、发生紧急情况时的报告程序等。

2）特种设备作业人员培训内容。在重大危险源场所从事压力容器焊接、气瓶充装等特种设备操作、维护作业的人员，应按照《特种设备作业人员培训大纲》要求进行培训。

3）新上岗从业人员的培训内容。新上岗从业人员按照《危险化学品生产经营单位从业人员安全培训大纲》要求实施培训。主要包括国家安全生产方针、政策和有关危险化学品安全生产的主要法律、法规、规章及标准，危险化学品知识，防火防爆知识，设备、附件、安全及消防设施，化工生产过程的基本安全知识，检维修作业，危险源辨识，个人防护用品及应急救援器材的使用和维护，安全警示与标志，安全生产管理制度与操作规程，事故事件状态下的现场应急处置，事故案例分析。

2. 承包商相关人员的安全培训内容有哪些？

（1）承包商相关人员入厂安全教育培训内容主要包括企业安全规章制度，作业区域概述，工作场所的风险及安全、健康环保要求，工作场所的危险、有害物质，现场应急反应和报警，作业许可证制度，化工系统典型事故教训、事故报告，车辆安全，门禁和保卫，法律法规要求的其他内容。

（2）承包商作业人员作业场所安全培训内容主要包括工程概况、施工特点和安全管理要求，工作场所的风险及安全、健康环保要求，工程施工区域内的主要危险作业项目和场所风险分析及管控措施、安全注意事项，工作场所的职业危害因素及个人防护用品的使用要求，现场应急反应和报警，现场紧急情况下的疏散、急救和应急处理，应急救援器材的使用和逃生，事故报告，其他需要培训的内容。

思考题

1. 重大危险源主要负责人应如何组织好员工安全培训？
2. 涉及重大危险源的危险化学品企业哪些人员需要培训取证？

第四节　重大危险源外部安全防护距离

一、外部安全防护距离的意义

1. 什么是外部安全防护距离？确定外部安全防护距离的意义是什么？

根据《危险化学品生产装置和储存设施外部安全防护距离确定方法》（GB/T 37243—2019），外部安全防护距离是指为了预防和减缓危险化学品生产装置和储存设施潜在事故（火灾、爆炸和中毒等）对厂外防护目标的影响，在装置和设施与防护目标之间设置的距离或风险控制线。外部安全防护距离的定义，主要考虑的是事故状态下，危险化学品装置设施周边人员密集场所内的人身安全。外部安全防护距离的“外部”两字，主要针对危险源或企业外部设施，不包括企业内部设施之间的安全距离。

近年来，我国发生了江苏响水天嘉宜化工有限公司“3・21”特别重大爆炸事故、天津港瑞海公司“8・12”特别重大火灾爆炸事故等重大影响事故，引起了强烈的社会关注。通过分析发现，这些事故造成周边人员伤亡和财产损失的原因多是设备设施、危险化学品仓库等与周边地区的外部安全防护距离设置不足，存在装置与周边居民区、公共基础设施预留的外部安全防护距离过小、危险设施布局不合理等问题。随着我国城市化进程的加快，“化工企业外部安全防护距离的确定”成为从源头上避免重特大事故发生、减轻事故后果严重程度一个亟须解决的研究课题。

化工企业设置合理的外部安全防护距离，主要是为避免事故造成重大人员伤亡和财产损失而设定的缓冲距离，是保障周边区域人员生命和财产安全以及减少事故后果影响范围的重要措施，能保障在火灾、爆炸、有毒物质泄漏等情况下能更好地作出预判，为人员采取应急救援行动争取更多的时间。

2. 外部安全防护距离和风险基准的由来是什么？

2011 年之前，安全防护距离的确定大多依据 GB 50160、GB 50016、GB 50074 等国家标准，并结合专家判断、以往事故案例、类似工厂运行经验等确定，没有统一的定量计算标准。自 2011 年 12 月起，国家要求危险化学品单位对重大危险源进行安全评估并确定等级。企业可以组织本单位人员或外聘专家进行安全评估，也可以委托具有相应资质的安全评价机构进行安全评估。

2014 年 5 月，《危险化学品生产、储存装置个人可接受风险标准和社会可接受风险标准（试行）》出台，要求建设项目在安全评估/评价报告中进行“外部安全防护距离”的计算，部分地区甚至要求在初步设计阶段再次进行相关计算。针对爆炸品、重点监管和非重点监管 3 类危化装置，《危险化学品生产、储存装置个人可接受风险标准和社会可接受风险标准（试行）》提出采用 3 种不同方法计算外部安全防护距离，但并未明确指出这样的距离需强制执行。

2015 年 4 月，国家明确要求危险化学品企业的外部安全防护距离应根据《危险化学品生产、储存装置个人可接受风险标准和社会可接受风险标准（试行）》确定，这样就使其具有了强制性。

在我国危险化学品安全生产的严峻形势下，《危险化学品生产装置和储存设施风险基准》（GB 36894—2018）和《危险化学品生产装置和储存设施外部安全防护距离确定方法》（GB/T 37243—2019）陆续发布，明确了危险化学品生产装置和储存设施个人风险和社会风险的可接受风险基准值，适用于危险化学品生产装置、储存设施选址和周边土地使用规划时的风险判定。这就使危险化学品生产装置和储存设施外部安全防护距离的确定有了国家标准依据，确定方法也更为科学、严谨。

二、外部安全防护距离的应用

1. 外部安全防护距离确定方法有哪些?

危险化学品生产装置及储存设施外部安全防护距离确定方法，主要采用事故后果法、定量风险评价法，或者执行相关标准规范有关距离的要求。

涉及爆炸物（列入《危险化学品目录》及《危险化学品分类信息表》的所有爆炸物）的危险化学品生产装置和储存设施采用事故后果法确定外部安全防护距离。危险化学品生产装置和储存设施涉及有毒气体或可燃气体，且其设计最大量与《危险化学品重大危险源辨识》（GB 18218—2018）中规定的临界量相比，比值之和大于或等于 1 时采用定量风险评价法，通过定量分析和计算事故频率及事故后果，采用可接受的风险基准来确定外部安全防护距离。

2. 如何解决外部安全防护距离不足的问题?

由于企业可能存在非法生产（储存）、超量储存、设备设施、安全设施出现故障、生产工艺进行了更改等问题，可能导致外部安全防护距离无法体现企业现有的事故影响情况，一旦发生事故，其事故后果可能要远远大于在外部安全防护距离评价时计算的事故后果，事故造成的巨大人员伤亡和财产损失的后果会远远超出企业和社会的可承受程度。针对外部安全防护距离不足的问题，解决措施如下。

（1）转移危险化学品生产、储存设施的生产、储存地点。将危险化学品生产装置转移至周边或者专业的化学工业园区，远离学校、村庄等各类防护目标，或者将涉及危险化学品工段、储存设施外包给下游生产企业。例如，取消厂内的危险化学品仓库，将危险化学品储存至外包仓库或者由原料供应商根据生产周期定期运送至厂内，这样可以在保留企业的同时，彻底的消除危险化学品生产、储存设施对防护目标的危险。

（2）降低系统在线储存量。企业根据相应生产、储存设施在用情况，会同生产、设备、工艺、安全和供应商等多个部门对现有装置进行分析，对外部需求和现有的物料平衡进行重新计算，更换催化剂，提高反应效率，梳理设备，减少不必要的中间罐、中间槽等，尽可能地减少危险化学品在线量。对于储存设施，可根据生产使用情况与供货商供给情况重新核算储存周期，在不影响正常生产的情况下，减少危险化学品的储存量，采取定点存放的方法，进一步减少危险化学品储存的不规范情况。

（3）不断加大安全设施投入力度，提升系统本质安全度。企业的现有危险化学品生产、储存设施在满足国家基本法律、法规、规章和各类标准的要求下，通过采取预防性检维修的手段，进一步提高各类设备设施运转的可靠性，同时加大安全投入，不断增加、改善、提升泄漏检测装置、安全仪表系统、安全联锁装置、安全泄放装置和安全回收装置，在事故出现征兆时，立即采取相应的安全措施控制事故，以及在事故发生后不至于导致事件扩大的措施，提升系统安全可靠性。在安全设备设施不断地提升改善时，可通过定性安全评价的方式（事故树、事件树）计算事故发生的概率，在外部安全防护距离计算过程中，采取安全措施并进行定量评价后，可通过降低事故发生的概率，进而影响个人风险和社会风险值的计算。通过降低事故发生的概率，降低个人风险和社会风险。

（4）企业可以针对各类安全措施采取有针对性的应急救援预案，尤其是对事故发生后的事故应急处置措施进行有针对性的演练，评价单位在采集评价数据时，依据企业应急救援预案的演练情况，对相关数据进行采集，这样的取值相对而言更具有公正性，也可以反映企业应急救援工作的实际情况，确保评价相应数据的准确。

思考题

1. 危险化学品生产装置和储存设施外部安全防护距离确定方案是什么？
2. 外部安全防护距离确定方法有哪些？适用对象有什么不同？

第五节　储运安全管理要求

一、危险化学品储存风险分析

1. 危险化学品储存过程中存在的风险有哪些?

危险化学品在储存过程中，除了具有自身类别特征所带来的危险因素，性质相互抵触的物品混存、超量储存等的危险因素之外，储存设备设施欠缺、安全设施保护失效、作业人员违章操作、仓储管理制度欠缺以及外部环境不良等均是重要的危险因素。综合来说，主要存在以下风险。

（1）火灾爆炸的风险。产生这类风险主要原因是禁忌物品混放、明火源控制不严、车辆不防爆、设备出现老化、未设置静电释放器、产品变质等。此外，若危险化学品长时间的储存使保持剂或润湿剂流散、附近场所动火作业防护不到位、其他外界因素（雷电冲击、线路浪涌）等同样可能导致火灾爆炸的产生。

（2）危险化学品泄漏的风险。产生这类风险主要原因：一是设备、技术方面存在问题。如设备质量达不到有关技术标准的要求；防爆炸、防火灾、防污染等设施不齐全或不合理，维护管理不落实；设备老化、带病运行。化工生产过程中，一般都有一定的压力、温度，甚至高温、高压，多数原料、中间体和产品具有腐蚀性，极易导致设备老化、故障，使各种管、阀、泵、塔、釜、罐等产生跑、冒、滴、漏。二是违反操作规程、储存规定，导致出现泄漏等。个别化工企业从业人员素质不高，缺乏严格、系统的培训，加上规章制度不落实、劳动纪律涣散、工作人员操作不当而造成包装损坏、物料泄漏等，也会导致危险化学品泄漏。

（3）人员中毒的风险。产生这类风险主要原因是作业人员对危险化学品的性质不了解，进而在作业过程中缺少个人防护措施，在进行接触有毒物质的过程中防护不到位，导致吸入、接触大量的有毒物质，最终导致中毒事故的发生。

（4）人员灼伤的风险。产生这类风险主要原因是储存过程中出现容器破损、装卸设备选型错误、装卸操作不当、操作人员防护装备不全等。

2. 危险化学品储罐储存有哪些风险？

危险化学品储罐作为化工企业重大危险源中一种常见、常用的储存设施，在工艺生产、储存过程中发挥着承上启下的作用。储罐中储存的物料量大，且多为易燃易爆、有毒有害物品，如若发生火灾爆炸、泄漏等，会造成重大人员伤亡和财产损失。因此，深入掌握化工企业重大危险源储罐的主要危险因素，制定具体的防范对策，意义重大。储罐自身的危险因素主要有以下几个方面。

（1）储罐腐蚀渗漏的风险。储罐渗漏的风险多数由储罐内外腐蚀所造成，尤其是储罐底板腐蚀。当储罐运行多年后，便会出现不同程度的腐蚀渗漏情况。储罐腐蚀多由电化学腐蚀、化学腐蚀引起。合理选用储罐材质并做好电化学防护可以有效解决此类问题。

（2）储罐破裂的风险。在整个储运系统中，储罐破裂虽然不易发生，但一旦发生则会导致严重的安全事故。当储罐装满危险化学品之后，下部罐壁会受到比较大的压力，对于大型储罐来讲，其环向应力最大处为第一道环焊缝附近，所以，在罐壁下部容易出现储罐破裂事故。如若出现高液位下罐体突发性开裂情况，可能会冲毁防火堤，造成危险化学品外泄。若失控的漫流易燃危险化学品遇火，则会引发大面积流淌火。储罐安装施工后进行全面检测，定期对焊缝、罐壁等进行测厚，可以有效解决此类问题。

（3）储罐边缘板缝隙渗漏。罐基础与储罐罐底边缘板之间一般会因密封不严产生缝隙，大多储罐底部腐蚀穿孔因雨水、水汽经边缘板缝隙进入所致。而针对圈梁与边缘板间的缝隙，实施防水密封处理，可以有效解决此类问题。

（4）锥顶罐储存过程中的风险。

1）储罐超压或由于产生负压造成罐体破坏发生泄漏的危险，可采取设置适当的呼吸阀或安全阀等措施，防止由于气温变化、环境变化、上下游工艺波动等造成超压的风险。

2）由于罐内产生的爆炸性混合气体的危险，可采取呼吸阀上装设阻火器、装设接地系统、控制物料流速等措施控制。

3）由于腐蚀等各种原因造成泄漏危险，可采取设置拦（液）围堰，防止漏液流出扩散；针对腐蚀性液体以及在液体中掺杂的腐蚀性物质，采用耐蚀性材料制造储罐壳体，或在储罐中做耐蚀衬里；为了防止罐底接触地面产生电腐蚀，在储罐底板外侧涂防锈涂料，并在与罐底接触的基础上 10 mm 的范围内浸涂含硫量低的重油或沥青，减少腐蚀情况的出现。

（5）球罐储存过程中的风险。

1）由于气温上升，球罐温度升高，可装设消防冷却装置、泄压装置控制风险。

2）由于装灌过量冒罐造成物料外泄，可采取装设液位计和紧急切断阀或安全仪表系统控制此类风险。

3）由于发生火灾，使储罐受热后温度上升，储罐结构强度不足，使储罐破坏的风险。

（6）低温罐储存过程中的风险。

1）低温脆性造成储罐材质强度降低。

2）储罐与基础连接的部分由于土地中的水分冻结将罐底拱起，或者由于基础的温差造成弯曲破坏。

3）气温上升，使罐中的内压上升，造成夹套壁罐的内壁破坏。

4）由于内层壁破坏造成泄漏的危险。

二、危险化学品储存管理要求

1. 危险化学品储存方式和要求有哪些？

（1）储存危险化学品时，主要有 3 种方式，分别是隔离储存、隔开储存、分离储存，应根据危险化学品性能分区、分类、分库储存。

1）隔离储存：在同一房间或同一区域内，不同的物料之间分开一定距离，非禁忌物料间用通道保持空间的储存方式。

2）隔开储存：在同一建筑或同一区域内，用隔板或墙，将其与禁忌物料分离开的储存方式。

3）分离储存：在不同的建筑物或远离所有建筑的外部区域内的储存方式。

（2）在对危险化学品进行存放时，如需露天堆放，应符合防火、防爆的安全要求，爆炸物品、一级易燃物品、遇湿燃烧物品、剧毒物品不得露天堆放。

此外，储存危险化学品的仓库必须配备有专业知识的技术人员，其库房及场所应设专人管理，管理人员必须配备可靠的个人防护用品。

储存的危险化学品应有明显的标志，标志应符合《危险货物包装标志》（GB 190—2009）的规定，同一区域储存两种或两种以上不同级别的危险化学品时，应按最高等级危险物品的性能标志。

2. 危险化学品储存场所应符合哪些要求？

（1）储存危险化学品的建筑物不得有地下室或其他地下建筑，其耐火等级层数、占地面积、安全疏散和防火间距等应符合国家有关规定；同时应考虑对周围环境和居民的影响。

（2）危险化学品储存建筑物、场所消防用电设备应能充分满足消防用电的需要，储存易燃、易爆危险化学品的建筑必须安装避雷设备；储存场所应具备通风和温度调节条件。

（3）储存危险化学品的建筑通排风系统应设有导除静电的接地装置；储存危险化学品建筑采暖的热媒温度不应过高，热水采暖时不应超过 80 ℃，不得使用蒸汽采暖和机械采暖；采暖管道和设备的保温材料必须采用非燃烧材料。

3. 采用不同类别储存方式时应满足的间距要求有哪些？

根据《常用化学危险品贮存通则》（GB 15603—1995），危险化学品储存安排取决于危险化学品分类、分项、容器类型、储存方式和消防的要求，各类间距要求可参考表 2-2。

在满足上表要求的同时，还必须注意如下要求。

（1）遇火、遇热、遇潮能引起燃烧、爆炸或发生化学反应，产生有毒气体的危险化学品不得在露天或在潮湿、积水的建筑物中储存。

表 2-2　　　　不同储存方式各类安全间距

储存类别 / 储存要求	露天储存	隔离储存	隔开储存	分离储存
平均单位面积储存量/（t/m^2）	1.0～1.5	0.5	0.7	0.7
单一储存最大储量/t	2 000～2 400	200～300	200～300	400～600
垛距限制/m	2	0.3～0.5	0.3～0.5	0.3～0.5
通道宽度/m	4～6	1～2	1～2	5
墙距宽度/m	2	0.3～0.5	0.3～0.5	0.3～0.5
与禁忌品距离/m	10	不得同库储存	不得同库储存	7～10

（2）受日光照射能发生化学反应引起燃烧、爆炸、分解、化合或能产生有毒气体的危险化学品应储存在一级建筑物中，其包装应采取避光措施。

（3）爆炸物品不准和其他类物品同库储存，必须单独隔离，限量储存。

（4）压缩气体和液化气体必须与爆炸物品、氧化剂、易燃物品、自燃物品、腐蚀性物品隔离储存，易燃气体不得与助燃气体、剧毒气体同库储存，氧气不得与油脂混合储存，盛装液化气体的容器属压力容器的，必须有压力表、安全阀、紧急切断装置，并定期检查、不得超装。

（5）易燃液体、遇湿易燃物品、易燃固体不得与氧化剂混合储存，具有还原性的氧化剂应单独存放。

（6）有毒物品应储存在阴凉、通风、干燥的场所，不要露天存放，不得接近酸类物质。

（7）腐蚀性物品包装必须严密，不允许泄漏，严禁与液化气体和其他物品共存。

4. 危险化学品出入库管理应遵循哪些原则？

（1）储存危险化学品的仓库必须建立严格的出入库管理制度。

（2）危险化学品出入库前均应按合同进行检查验收、登记，验收内容至少包括危险化学品的数量、包装、标志等，经核对后方可入库、出库，当物品性质不清时不得入库、出库。

（3）进入危险化学品储存区域的人员、机动车辆和作业车辆，必须采取防火措施。

（4）装卸、搬运危险化学品时应按有关操作要求进行，做到轻装、轻卸，严禁摔、碰、撞、击、拖拉、倾倒和滚动。

（5）装卸有毒害性及腐蚀性的物品时，操作人员应根据其危险特性穿戴相应的防护用品。

（6）严禁用同一车辆运输性质禁忌的化学品。

（7）修补、换装、清扫、装卸易燃、易爆物料时，应使用不产生火花的铜制、合金制或其他工具。

5. 如何做好危险化学品入库养护工作？

（1）危险化学品入库时，应严格检验物品质量、数量、包装情况，有无泄漏。

（2）危险化学品入库后应采取适当的养护措施，在储存期内定期检查，发现其性状变化、包装破损、渗漏、稳定剂挥发缺少的，应及时处理。

（3）应根据化学品安全技术说明书的储存条件要求，严格控制库房温度、湿度、光照等，并建立定期巡检制度。

6. 如何做好危险化学品储罐区安全管理？

危险化学品储罐区是化工企业的重点管控区域，也是化工生产安全检查的重要部位，具体管理要点如下。

（1）甲、乙、丙类液体燃料罐区宜位于企业边缘的安全地带，且地势较低但不窝风的独立地段。

（2）储罐区的罐间距应符合相关标准规范要求。

（3）罐区应有明显的安全标志和标识，每个危险化学品储罐应有标明名称储存物品、容积、危险特性和灭火方法的标识。

（4）储存甲、乙类油品（易燃液体）的固定顶油罐（储罐）和地上卧式油罐的通气管上附件（如呼吸阀、安全阀）必须装设阻火器。

（5）防护堤的高度应符合规范要求；储存罐组应设防火堤或事故存液池，其有效容量不应小于其中最大储罐的容量。

（6）易燃、可燃液体和可燃气体储罐区内，不应有与储罐无关的管道、电缆等穿越，与储罐区有关的管道、电缆穿过防火（护）堤时，洞口应用不燃材料填实，电缆应采用跨越防火（护）堤方式铺设。

（7）罐区防火（护）堤的排水管应相应设置隔油池或水封井，并在出口管上设置切断阀，或在不排水时堵死出口。

（8）各种承压储罐符合我国有关压力容器的规定，其液面计、压力计、温度计、呼吸阀、阻火器、安全阀等安全附件完整好用。

（9）地上立式储罐设液位计或高、低液位报警器。

（10）液化石油气及闪点低于 28 ℃、沸点低于 85 ℃的易燃液体储罐，无绝热措施时，应设冷水喷淋设施，设施的电器开关设置在远离防火（护）堤外；储罐外壁需设置环状消防冷却水管道及消防水灭火或消防泡沫灭火设施。

（11）露天布置的塔、容器，可燃气体、液化烃、可燃液体的钢罐等，必须设防雷接地。

（12）电气设备必须有可靠的接地（接零）装置，防雷和防静电设施完好，避雷带与引入线应采用焊接连接。

（13）对爆炸、火灾危险场所内可能产生静电危险的设备和管道应采取静电接地措施。

（14）在爆炸危险区域内输送易燃易爆物料的管道，应采用跨接等防雷防静电措施。

（15）在易燃易爆物质储存场所，应设消除人体静电装置。

（16）汽车罐车、铁路罐车和装卸栈台，应设静电专用接地线（桩）。

（17）槽车进入装卸区时，需带尾气阻火器并与装卸区的静电接地卡连接。

（18）危险化学品装卸过程中作业人员应穿相应的防护衣、带防护手套、口罩等必需的防护用具，操作中轻搬轻放、防止摩擦和撞击。

（19）危险化学品装卸前，能对车（船）搬运工具进行必要的通风和清扫，对装有剧毒品的车辆，卸后能洗刷干净。

三、危险化学品输送、装卸管理要求

1. 危险化学品装卸环节有哪些安全管理要求？

（1）建立危险化学品装卸环节安全管理制度，明确作业前、作业中和作业结束后各个环节的安全要求；严格执行危险化学品发货和装载查验、登记、核准的要求。

（2）建立和完善危险化学品装卸车操作规程，包括装卸作业时对接口连接可靠性进行确认的内容，以及危险化学品装卸车过程中安排具备资格的装卸人员进行作业，严禁由司机直接代替企业操作人员进行装卸，配备现场监控人员。

（3）定期检查装卸场所是否符合安全要求，安全管理措施是否落实到位，应急预案及应急措施是否完备，装卸人员、驾驶人员、押运人员是否具备从业资格，装卸人员是否经培训合格后上岗作业，危险化学品装卸车设施是否完好、功能是否完备。

（4）储罐切水作业、液化烃充装作业、安全风险较大的设备检维修等危险作业应制定相应的作业程序，作业时应严格执行作业程序。

1）高度重视液化烃罐区安全生产工作，强化管理人员、技术人员和操作人员的配置，加强培训，提高罐区从业人员的能力。

2）液化烃罐区作业应实行“双人操作”，一人作业、一人监护。除常规的工艺操作和巡检外，凡进入罐区进行的高风险作业活动，必须进行风险分析，办理作业许可审批手续。

3）液化烃球罐切水作业必须坚持“阀开不离人”，做到“不可靠不切水，无监护不切水”。

4）石油化工企业在生产装置停工期间，必须保证液化烃罐区安全运行所需要的仪表风、氮气、蒸汽等公用工程的稳定供应，相关安全设施必须完好、有效。

2. 对危险化学品输送管线的安全管理应遵循什么原则？

液体物料输送管道分布于库区，把各输、储物料设备联系为一个输转物料的整体。如果管路破裂引起事故，整个库区、生产厂区等处都将受到影响。

库区内管路有地上敷设、埋地敷设和管沟敷设 3 种方式。液体物料输送管线安全管理应遵循以下几个原则。

（1）输料管路的材质一般应为钢质，安装应严格按照设计和工艺要求进行。管线相互间距、管线与建筑物间距、上下管线间的距离，均应符合有关规定。

（2）为了防止地上管线与相邻设施相互影响，地上管线应与有门窗、洞孔的建（构）筑物的墙壁保持不少于 3 m 的距离；与无门窗、洞孔的建（构）筑物的墙壁保持 1 m 以上的距离。

（3）地上管线架设在不燃材料支撑的支架上，其保温层应是不燃物质（如玻璃棉、石棉泥、蛭石）。地下敷设管路的管沟用耐火材料砌筑，管沟内每隔一定距离砌筑一道土坝（但要注意排水），厚度可根据实际情况确定。

（4）多条管线平行敷设，其间距应不小于 10 cm。蒸汽管线不准和输送轻质物料的管线平行敷设。

（5）地下管线与电缆线相交，管线应设在电缆线下边不小于 1 m 的深度；与下水道相交，应在下水道下边 1.5 m 的深度。

（6）地下和明沟敷设的管线应按设计要求装配伸缩器，输送轻质物料的管线与罐阀门结合处应装设防胀管接通罐顶，以防止液体膨胀压力爆破管线，由于温度上升，液体膨胀而引起管线压力上升，因此，连接液体管的法兰应按设计要求制作，不得任意用较薄钢板割制。而且管线每隔 200 m 应接地一处，其接地电阻不应大于 10 Ω。

（7）地下管线经过的地面上方应禁止堆积各种物料。

（8）物料管应定期进行耐压试验，试验压力应为工作压力的 1.5 倍，以衡量液体管是否能够承受规定的压力。

思考题

1. 危险化学品企业如何加强重大危险源罐区的安全管理？
2. 主要负责人如何监督落实危险化学品储存和装卸环节的安全措施？

第六节　重大危险源安全监测预警

一、重大危险源监测信息采集

1. 危险化学品重大危险源罐区监控预警参数包括什么?

罐区监控预警参数的选择主要以预防和控制重大工业事故为出发点，根据对罐区危险及有害因素的分析，结合储罐的结构和材料、储存介质特性以及罐区环境条件等的不同，选取不同的监控预警参数。

罐区的监控预警参数一般有罐内介质的液位、温度、压力等工艺参数，罐区内可燃或有毒气体的浓度、明火以及气象参数和音视频信号等。主要的预警和报警指标包括与液位相关的高低液位超限，温度、压力、流速和流量超限，空气中可燃和有毒气体浓度、明火源和风速等超限及异常情况。

2. 重大危险源罐区监控仪器选择、安装和布置应遵循什么原则?

（1）对于监测方法和仪表的选择，主要考虑监测对象、监测范围和测量精度、稳定性与可靠性、防爆和防腐、安装、维护及检修、环境要求和经济性等因素。监控设备的性能应满足应用要求。

（2）储罐区监测传感器可分为罐内监测传感器和罐外监测传感器两类。罐内监测传感器用于储罐内的液位、压力和温度等工艺参数的监控，防止冒顶或者异常的温度压力变化。罐外监测传感器用于明火、可燃和有毒气体泄漏及相关的环境危险因素等的监控。

（3）罐区监测传感器及仪表选型中的一般问题可参考遵循《自动化仪表选型设计规范》（HG/T 20507）和《石油化工自动化仪表选型设计规范》（SH 3005）

的规定。

（4）罐区传感器和仪表的安装，可执行《自控安装图册》（HG/T 21581）和《石油化工仪表安装设计规范》（SH/T 3104）的规定，应选择合适的安装位置和安装方式，符合安全和可靠性要求。

（5）对于老罐改造，应优先选择不清罐就可以安装的传感器。应符合安全要求，电线无破皮、露线及发生短路的现象。二次仪表应安装在安全区。传感器盖安装后应严格检查，旋紧装好防拆装置。现场严禁带电开盖检修非本质安全型防爆设备。采用非铠装电缆时，传感器与排线管之间用防爆软性管连接。安装过程中避开焊接和可能产生火花的操作，防止电火花、机械火花及高温等因素引起的燃烧和爆炸。需要罐内安装且可能产生火花或高温的，应进行空气置换后再进入作业。

（6）对于罐区明火和可燃、有毒气体的监测报警仪，应根据监测范围、监测点和环境因素等确定其安装位置，安装应符合有关规定。

（7）罐区应实时监测风速、风向、环境温度等参数。

3. 重大危险源罐区报警和预警装置的预（报）警值应如何确定?

（1）温度报警至少分为两级，第一级报警阈值为正常工作温度的上限。第二级为第一级报警阈值的 1.25~2 倍，且应低于介质闪点或燃点等危险值。

（2）液位报警高低位至少各设置一级，报警阈值分别为高位限和低位限。

（3）压力报警高限至少设置两级，第一级报警阈值为正常工作压力的上限，第二级为容器设计压力的 80%，并应低于安全阀设定值。

（4）风速报警高限设置一级，报警阈值为风速 13.8 m/s（相当于 6 级风）。

（5）可燃气体报警至少应分为两级，第一级报警阈值不高于 25% LEL，第二级报警阈值不高于 50% LEL。

（6）有毒气体报警至少应分为两级，第一级报警阈值为最高允许浓度的 75%，当最高允许浓度较低，现有监测报警仪器灵敏度达不到要求的情况，第一级报警阈值可适当提高，其前提是既能有效监测报警，又能避免职业中毒；第二级报警值为最高允许浓度的 2~3 倍。

二、重大危险源信息上报与管理

1. 危险化学品安全生产风险监测预警系统预警信息发送原则是什么？收到信息后企业负责人应如何处置？针对报警预警信息有哪些督办措施？

（1）监测预警系统根据预警级别，即时自动依程序规定向企业重大危险源三级包保责任人和县（化工园区）、市、省和国家应急管理部门发送预警信息。

黄色预警自动发送给企业重大危险源三级包保责任人和县（化工园区）应急管理部门。

橙色预警自动发送给企业重大危险源三级包保责任人和县（化工园区）、市应急管理部门。

红色预警自动发送给企业重大危险源三级包保责任人和县（化工园区）、市、省应急管理部门，并自动发送应急管理部中国安全生产科学研究院安全生产风险监测预警中心。

（2）收到预警信息后，企业重大危险源包保责任人应第一时间组织确认，根据警情和现场情况采取措施，及时整改，直至消警。

企业消警后应在 1 h 内通过监测预警系统上报处置结果、原因分析、整改措施。

（3）收到黄色预警信息后，县（化工园区）应急管理部门负责跟踪处置情况，1 h 内未处置降级的，监测预警系统自动向企业发出警示通报，并且在降级前，每小时推送 1 次；对 24 h 内仍未降级的，组织现场核查督办。

收到橙色预警信息后，市应急管理部门负责跟踪处置情况，1 h 内未处置降级的，系统自动向县（化工园区）应急管理部门发出警示通报，并且在降级前，每小时推送 1 次；对 12 h 内仍未降级的，组织现场核查督办。

收到红色预警信息后，省应急管理部门负责跟踪处置情况，30 min 内未处置降级的，系统自动向市应急管理部门发出警示通报，并且在降级前，每 30 min 推送 1 次；对 2 h 内仍未降级的，组织现场核查督办。

省、市、县（化工园区）应急管理部门通过系统及时反馈预警信息核查督办情况。

2. 针对危险化学品安全生产风险监测预警系统数据，应如何对其质量进行管理？

监测预警系统监测监控数据应按照真实、即时、完整、规范、准确的要求，客观反映企业安全生产状况和变化趋势。

监测监控数据是指按照《危险化学品安全生产风险监测预警系统数据接入规范》要求，接入的企业基础数据、实时监测数据、视频监控数据以及安全承诺公告和重大危险源包保信息等数据。

监测预警系统接入范围应覆盖所有重大危险源以及全厂区可燃、有毒有害气体监测点位，每个重大危险源数据接入应符合《危险化学品安全生产风险监测预警系统数据接入规范》要求，不得遗漏或选择性接入。储罐、装置和仓库的名称应规范准确、清晰可区分、位置明确。

重大危险源及其重点部位的监测指标数据应真实全面反映其安全状态；应标明设备设施类型、物料介质及其形态；监测指标数据应注明单位，并设置符合逻辑且反映生产安全临界状态的阈值范围；同类监测数据的名称应明确区分，可通过前缀或后缀描述详细差别予以区分；同一设备设施的监测数据应统一关联到同一名称的设备设施上，可燃、有毒气体指标应明确关联相关设备、设施、位置等具体信息。

重大危险源及其重点部位的视频监控数据应直观全面反映其现场状态；监控摄像角度应能捕捉关键要素，应能显示设备、装置、储罐、库区等的关键风险部位及中控室人员值班状态。

任何单位和个人应遵守相关法律法规要求，不得关闭、破坏直接关系生产安全的监控、报警设备、设施，或者篡改、隐瞒、销毁其相关数据、信息。不得擅自停用、摘除、损毁监测预警设备设施；不得擅自变动监测预警设备设施的布局和点位；不得伪造、篡改监测数据；严禁无故停电、断电、断网、遮挡摄像等人为干扰和破坏系统实时监测的行为。

如有停产检修计划或设备设施损坏等情况，应及时向上级应急管理部门报备或反馈。

企业应做好动态感知、自动报警、采集传输、自动化控制、互联网专线等设备设施的日常维护管理和安全防护，确保监测预警系统 24 h 安全运行和在线传输。

3. 企业应如何对危险化学品安全生产风险监测预警系统开展常态化管理？

保持重大危险源监测监控设备完好，确保符合重大危险源管理要求。企业自身工业控制系统、视频监控系统等不满足接入条件或存在不稳定等情况的，应及时升级改造相关系统以达到接入要求，并保障数据的稳定接入传输。

严格按照《危险化学品安全生产风险监测预警系统数据接入规范》等要求接入监测监控数据，确保应接尽接、规范完整、真实准确。

严禁关闭、破坏重大危险源的监测监控、报警设备、设施，或者篡改、隐瞒、销毁其相关数据、信息。

严格落实危险化学品企业安全风险研判与承诺公告制度，在各级安全风险研判基础上，企业主要负责人每天 10 时前公开承诺公告，公告内容应至少包括装置开停情况、特殊作业情况、安全风险研判情况、措施采取情况等，确保公告信息完整、真实。

严格落实重大危险源安全包保责任制，确保三级包保责任人信息真实准确、动态更新。

压实各级包保责任人责任，严格落实报警、预警信息的处置管理要求，确保及时消警、有效管控安全风险。

根据报警预警信息，深入查找风险隐患根源，制定落实整改措施，从根本上消除隐患。

思考题

1. 建立危险化学品安全生产风险监测预警机制的意义是什么？

2. 结合《中华人民共和国安全生产法》相关要求和重大危险源安全包保责任制内容，企业应如何完善各管理层级风险监测预警职责？

第七节　重大危险源风险分级管控

一、风险分级

1. 风险等级与风险管控层级是如何要求的?

依据《国务院安委会办公室关于实施遏制重特大事故工作指南构建双重预防机制的意见》(安委办〔2016〕11号)的要求，一般将安全风险等级从高到低划分为重大风险、较大风险、一般风险和低风险，分别用红、橙、黄、蓝4种颜色表示。在实际工作中不同的企业或地方又分别对风险进行了数字化分级，即一级风险（重大风险)、二级风险（较大风险)、三级风险（一般风险)、四级风险(低风险)，也可以用Ⅰ、Ⅱ、Ⅲ、Ⅳ或1、2、3、4级来表示。

对于重大风险、较大风险、一般风险和低风险的管控层级分别对应的是公司级（厂级)、部门级、车间级（分厂级)、班组级。相应的管控责任人应是相应管控层级单位的负责人，分别对应公司领导层、部门负责人、车间负责人、班组长等。具体风险分级管控要求见表2-3。

表2-3　安全风险分级管控表

风险管控要求				
风险等级	Ⅰ级	Ⅱ级	Ⅲ级	Ⅳ级
管控层级	公司（厂）级	部门级	车间（分厂）级	班组级
责任单位	××公司	××部门	××车间	××班组
责任人	公司领导	部门负责人（正副职)	车间主任（正副职)	班组长（正副及组员)

2. 重大危险源风险是如何分类管理的?

重大危险源的风险分为两类进行管理：原始风险与现有风险。原始风险可以理解为风险点（单元、设备设施、作业活动等）因其固有危险性（涉及危险物质、能量或其他情况）而潜在的风险，或者理解为在不考虑现有管控措施而只考虑固有危险性的情况下，风险点可能潜在的风险。现有风险就是风险点在现有风险管控措施的基础上仍然潜在的风险。现有风险的大小是随着隐患的产生与治理而动态变化的。原始风险在有关资料中又称为固有风险、初始风险、裸风险等，现有风险在有关资料中又称为剩余风险、残余风险等。如果在一些表述中看到说“企业重大危险源在正常情况不能存在重大或较大风险，即使在某一时段存在重大或较大风险，应及时采取风险消减措施，将重大或较大风险降低为一般风险或低风险”，那么此处的“重大风险”应是指现有风险；如果说“企业因为构成了危险化学品重大危险源、涉及重点监管危险化工工艺的企业，必然存在重大或较大风险”，那么此时这里的“重大风险”就是指原始风险。对于重大危险源来讲，要同时评价其原始风险和现有风险。

3. 重大危险源原始风险与现有风险两类风险的评价方法有什么不同?

原始风险与现有风险的评价方法是不同的。如果把这两类风险的评价方法混淆在一起，则会严重影响风险分级管控的结果和效果。

对于原始风险，其评价方法主要是直接判定法，还有个别地区采用工作危害分析法（JHA）/安全检查表法（SCL）等评价方法。原始风险的直接判定法相对较简单，首先要制定判定标准，按标准对各单元直接判定风险等级。这里要注意，直接判定的原始风险，是针对单元的，不是针对具体的设备设施。原始风险的判定标准不是唯一的，企业可以结合本企业的实际情况及地方要求，制定适用的判定标准。原始风险也可以通过 JHA 和 SCL 评价表评价。即在同一个 JHA 或 SCL 分析表中，先进行原始风险评价，在考虑了现有管控措施后，再进行现有风险评价。

JHA 主要针对重大危险源作业活动来辨识危险源和评价风险大小，SCL 主要针对重大危险源设备设施来辨识危险源和评价风险大小。在同一个企业一般只采用风险评价矩阵法（LS）或作业条件危险性评价法（LEC）其中一个评价方法。现有风险一般常用的评价方法是 JHA+LS、SCL+LS，也有采用 JHA+LEC、SCL+

LEC，这是目前较为通用的方法。

4. 开展工作危害分析（JHA）时，如何准确列出重大危险源的作业活动清单？

重大危险源的作业活动可分为 4 类：工艺操作，如开车前的准备及检查确认、液氯气化、加氢、停车、液氯装车/卸车、取样等；异常操作，如关键设备故障处置（压缩机跳车处置等）、公用工程异常处置（DCS 黑屏处置等）；检维修，如特殊作业、动静设备及电仪设备的检修、催化剂的更换等；管理活动，如巡检、交接班、安全检查、变更管理、应急演练等。易出现问题的是工艺操作和异常操作。有两种方法可以列出工艺操作的内容，一是参考操作规程中的生产装置流程描述，工艺流程中的每一个工序就是一个作业活动；二是参考生产装置的工艺流程框图（即最简单的流程方框图），图中的每一步，即为一个作业活动。图 2-1 是某企业硝化单元的流程框图，该单元的工艺操作可划分为硝化、水洗 1、碱洗、水洗 2、乳化、DNT 储存、硝烟吸收等部分。如果其中某个工序相对较复杂，还可以再细分为几个工艺操作。按照流程框图，可以准确无遗漏地列出作业活动清单。

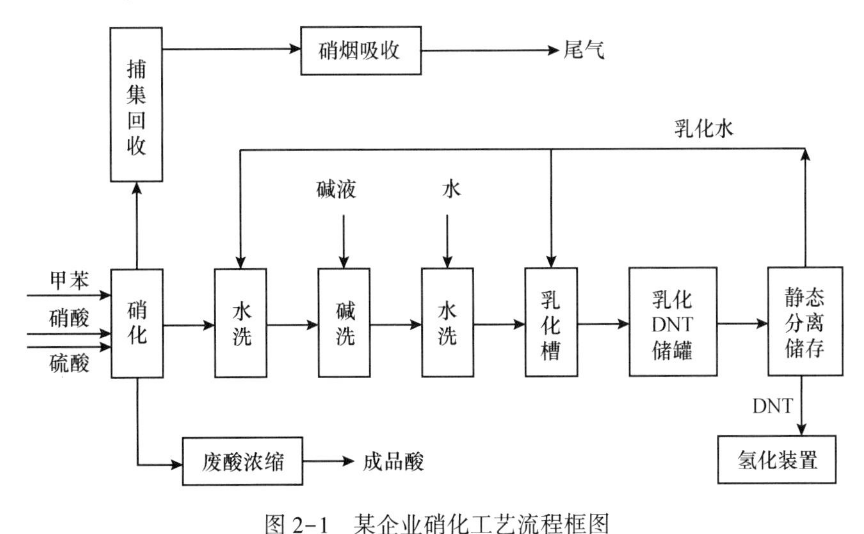

图 2-1　某企业硝化工艺流程框图

5. 开展安全检查表（SCL）分析时，如何准确列出设备设施清单？

要准确列出设备设施清单里重点关注的内容，可以从以下几个角度考虑。

（1）设备设施清单不同于设备台账。设备设施清单可以适当合并。一个车间或一个单元中型号相同、涉及介质相同、操作条件相同或相近的设备设施可以合并，以减少不必要的重复工作，但应注意不可过度合并（避免因过度合并遗漏待分析对象）。个别企业把一个车间中的设备设施只是简单地分为塔、储罐、反应器、泵等几种类型，每一种类型中包含了若干台设备，而相应的安全检查表中也只是针对设备类型进行分析，而不是针对具体的设备设施，这样的分析由于错误的合并导致分析结果无任何意义。

（2）企业非生产单位应关注的内容。设备设施清单重点是针对生产车间的，对于电气、仪表、分析化验等单位，设备设施清单相对要简单得多。开关操作柱、照明灯、压力变送器、温度计等电气仪表设备可不必作为单独的设备对待，应视为主设备的附属安全设施。电气专业的设备设施可重点关注配电柜、变压器、发电机、通信系统、网络系统、变配电室、外部供电线路等。仪表专业的设备设施可重点关注机柜、DCS/SIS操作站、机柜间、分析小屋等。分析化验专业的设备设施可重点关注色谱仪等重要、大型的分析仪器、分析化验室、分析试剂仓库、气瓶室等。

6. 在进行 JHA 和 SCL 辨识过程中，应重点关注什么风险？

在进行 JHA 和 SCL 辨识过程中，应重点关注过程风险。风险可分为“作业风险”与“过程风险”。“作业风险”，简单说就是人员到生产现场从事各类作业过程中可能潜在的风险，如巡检、取样、检维修作业（含特殊作业）等过程中可能潜在的风险。而“过程风险”是结合过程安全管理的一种说法，即生产工艺过程中可能潜在的风险，主要是指生产装置在正常的生产操作过程中，因为人员操作失误或其他原因导致工艺参数严重偏离指标可能带来的风险。

“作业风险”属于浅表层的风险，一般情况下，发生概率相对较高，但后果严重程度在较大概率下不会很高。而“过程风险”则相反，属于相对深层次的风险，一般情况下发生概率相对较低，但一旦发生，其严重程度可能会很高，甚至有可能会造成非常恶劣的影响。随着时代的发展，安全生产管理的重点已经逐渐由“作业风险”向“过程风险”转变，重点管控大风险、预防大事故。所以在运用 JHA/SCL 进行风险分析评价时，切勿只关注常规的“作业风险”，而忽视了事故后果更严重的“过程风险”。尤其是在分析涉及“两重点一重大”的有关工艺操作活动和关键设备时，应重点分析在某些情况下可能会引发的深层次的“过程风险”。

7. 在进行 JHA 和 SCL 辨识过程中，如何准确列出现有管控措施？

现有管控措施应分类列出，填写现有管控措施的过程，就是一次对现有管控措施是否全面的排查，所以管控措施要填写全面。现有管控措施一般分为以下 4 类。

（1）工程技术。

1）关键设备部件：包括关键报警联锁等，应描述出回路编号、条件和动作；氮封系统、储罐专用喷淋系统等。

2）安全附件：包括安全阀、爆破片、温度计、压力表、流量计等。

3）关键工艺控制：列出主要设备的关键工艺控制指标。

4）安全仪表：列出关键设备的 DCS、SIS 联锁、单元设置的可燃有毒气体检测报警器种类和数量。

（2）维护保养。对动设备和静设备的日常维护保养和检修，主要包括大型机组的定期振动监测、定期更换润滑油脂、定期检查等；常压储罐的年度检查、检测、测厚等。

（3）人员操作。包括人员资质培训取证，如特种作业人员、特种设备操作人员培训取证；岗位操作人员应该建立操作记录，严格交接班，建立交接班记录等。

（4）应急措施。应急设施，列出可能涉及的所有应急设施，包括空气呼吸器以及急救箱等；个体防护，列出操作人员配备的应严格佩戴的个人劳动防护用品，这里一般不再重复列出常规用品（如安全帽、工作服等）；消防设施，包括可能涉及的消防栓、消防炮、泡沫灭火系统、灭火器、火焰探测器等；应急预案，重点列出岗位可能涉及的现场处置方案，并明确具体的名称，同时也可将预案演练情况列出等。

填写现有管控措施时应注意，各类措施一定要与前面辨识出的事故相对应。例如，辨识出的事故是火灾爆炸，管控措施就是预防火灾爆炸和消减事故影响的措施；辨识出的事故是人员中毒，则人员防护措施可以填写防毒面具、空气呼吸器等。管控措施应是具体的，不可大而全、千篇一律，一定要有针对性，否则失去了全面检查现有管控措施是否全面的意义了。各类现有管控措施不一定要全部填写，确实没有相应类别的管控措施，则不用填写。

二、风险管控

1. 什么是不可接受风险？什么情况下才会评价出不可接受风险？

现有风险中的重大、较大风险，都称为不可接受风险。既然为“不可接受”，则应采取风险消减措施来降低风险，使不可接受风险变为一般风险或低风险。

这里要重点强调的是，不可接受风险仅仅针对现有风险，原始风险没有可接受与不可接受之说。也就是说，只有通过 HAZOP、JHA 和 SCL 等方法评价出的现有风险才有不可接受风险之说。原始风险中的重大、较大风险均不是不可接受风险。

无论 HAZOP、JHA 和 SCL，其工作思想基本上是一致的，只有当风险点的现有管控措施有缺失或缺陷的、存在事故隐患的时候，才有可能会构成较大或重大风险，也就是不可接受风险。

2. 重大危险源的现有风险如何管控？

不同等级的现有风险其管控方式也不同。对于现有风险中的重大、较大风险，一般称为“不可接受风险”。重大风险应立即停止作业或采取措施（即隐患治理措施）降低风险，对于较大风险原则上应立即采取措施降低风险，如果条件不具备，可以限期进行整改。对于一般风险，如果具备条件，可以再从管理和工程技术方面采取新的措施，尽可能地降低风险。对于低风险，可以维持现状，现有各级风险管控方式见表 2-4。

重大危险源的现有风险中的重大、较大风险应采取措施以消减风险。风险消减措施应从措施的可行性、安全性和可靠性方面进行考虑。可行性主要是从措施

表 2-4　　现有各级风险管控方式

等级		应采取的行动/控制措施
Ⅰ级	重大	停止作业或生产，立即采取措施降低风险
Ⅱ级	较大	立即采取措施降低风险，或建立运行控制程序或方案，定期检查、评估，待具备条件时（3~6 个月）采取措施降低风险
Ⅲ级	一般	每年评审修订管理制度、操作规程及应急预案，尽可能采取改进措施
Ⅳ级	低	考虑是否需要补充建立操作规程、作业指导书，或无须采用新的控制措施

的实施成本、周期、是否需要停车处理等方面做出全面的判断；安全性主要是从措施的制定是否能提高风险点的安全性能，或者是否会对原有其他设备设施带来不利影响等；可靠性主要是考虑措施实施后，是否从根本上能降低风险度，把风险降低到可接受的程度。

3. 重大危险源的原始风险如何管控?

除了一些重大变更外，一般情况下风险点的固有危险性是难以改变的，即原始风险等级是不会变化的。对于原始风险要采用日常运行控制的方式进行管控，即在日常工作中，保证风险点的各种管控措施随时处于完好的状态即可，具体内容包括：对设备设施及安全附件、安全设施的定期检验、检查；管理制度、操作规程的及时更新及培训；人员防护；应急管理等。

各级原始风险的管控方式是相同的，但不同等级的风险其管控人员及频次是不同的。根据企业的风险分级管控要求，由不同层级的人员采用不同的频次对不同等级的风险进行管控，实现将风险分公司级、部门级、车间级、班组级 4 级管控。

由于没有正确认识和区分原始风险与现有风险，部分人员但凡见到重大风险或较大风险，就要求一定要采取措施来降低风险，也不管是原始风险还是现有风险，这是不合理的。原始风险关注的是风险点的固有危险性，固有危险性在除了重大变更的情况下一般是难以改变的，原始风险等级也就难以改变，因此，原始风险中的重大、较大风险是不能采取措施再降低的。

4. 重大危险源的原始风险与现有风险如何公示?

一般情况下，企业进行风险公示的方式主要是绘制风险分布图和设置风险公示牌。风险分布图分公司级、车间级两级公示。在公司、车间总平面布置图上，将各单元按原始风险的等级标注相应的颜色。

风险分布图包括原始风险红橙黄蓝 4 色分布图和现有风险黄蓝 2 色分布图。目前大部分企业只公示原始风险红橙黄蓝 4 色分布图，而没有公示现有风险黄蓝 2 色分布图。个别企业同时公示原始风险和现有风险分布图，能清楚地展示原始风险及现有风险情况，效果很好。这里需要强调的是，凡是红橙黄蓝 4 色风险分布图，肯定是针对原始风险的。

目前还有部分地区要求企业公示作业活动比较柱状图，即将企业或车间作业活动风险相对较高的某些作业活动制作柱状图以展示各作业活动的风险大小。有些企业也在做多层生产装置的立体风险分布图，即把生产装置的各楼层的不同区域分别编制红橙黄蓝 4 色分布图，形成立体图。这样的效果很明显，但在实际工作中开展时有较大的难度，是否绘制风险分布立体图需结合实际情况分析。

风险公示牌就是在重大危险源单元出入口外侧醒目位置，设置该单元的风险公示牌，公示牌的内容主要有单元名称、重大危险源等级、风险种类和等级、潜在的事故、主要的风险管控措施、管控责任人、应急通信方式等。要注意的是，风险公示牌一般情况下也仅针对原始风险。

三、安全承诺

1. 重大危险源安全风险研判的重点内容有哪些?

根据《应急管理部关于全面实施危险化学品企业安全风险研判与承诺公告制度的通知》(应急〔2018〕74 号)，重大危险源安全风险研判的重点内容有以下几个方面。

(1) 生产装置（含生产单元的重大危险源）的安全运行状态。生产装置的温度、压力、组分、液位、流量等主要工艺参数是否处于指标范围；压力容器、压力管道等特种设备是否处于安全运行状态；各类设备设施的静动密封是否完好无泄漏；超限报警、紧急切断、联锁等各类安全设施配备是否完好投用，并可靠运行。

（2）危险化学品罐区、仓库等重大危险源的安全运行状态。储罐、管道、机泵、阀门及仪表系统是否完好无泄漏；储罐的液位、温度、压力是否超限运行；内浮顶储罐运行中浮盘是否可能落底；油气罐区手动切水、切罐、装卸车时是否确保人员在岗；可燃及有毒气体报警和联锁是否处于可靠运行状态。仓库是否按照国家标准分区、分类储存危险化学品，是否超量、超品种储存，相互禁配物质是否混放混存。

（3）重大危险源的高危生产活动及作业的安全风险可控状态。装置开停车是否制定开停车方案，试生产是否制定试生产方案并经专家论证；各项特殊作业、检维修作业、承包商作业是否健全和完善相关管理制度，作业过程是否进行安全风险辨识，严格程序确认和作业许可审批，加强现场监督，危险化学品罐区动火作业是否做到升级管理等；各项变更的审批程序是否符合规定。

（4）按照安全风险辨识结果，重大危险源可能涉及的重大风险、较大风险是否落实管控及降低风险措施；重大隐患是否落实治理措施。

2. 重大危险源安全风险报告和承诺的要求有哪些?

（1）按照“一级向一级负责，一级让一级放心，一级向一级报告”的原则，企业各岗位、班组、车间、部门要每天做好职责范围内安全风险管控和隐患排查，自下而上层层研判、层层记录、层层报告、层层签字承诺，压实企业全员、全过程、全天候、全方位安全风险的研判和管控责任。

（2）在布置重大危险源安全风险研判和管控工作任务时，上级既要向下级交任务、交工作、交目标，又要同步交思路、交方法、交安全要求。

（3）对下级做出的重大危险源安全风险报告和承诺，上级要组织力量进行评估，确保重大危险源各项安全风险防控措施落实到位。

（4）主要负责人要结合本企业实际，全面掌握重大危险源安全生产各项工作情况，亲自调度，确保生产经营活动的安全风险处于可控状态。

（5）在重大危险源安全运行、高危生产活动及作业的风险可控、重大隐患落实治理措施的前提下，特殊作业、检维修作业、承包商作业等主要安全风险可控的前提下，企业应以董事长或总经理等主要负责人的名义每天签署安全承诺，在工厂主门外公告，并上传至属地应急管理部门网站。企业董事长或总经理外出时，应委托一名企业负责人代履行安全承诺工作。

3. 重大危险源安全承诺公告的主要内容和公告方式分别是什么？

（1）重大危险源安全承诺公告的主要内容。

1）企业状态：主要公告企业当天的生产装置（含重大危险源）生产运行状态和可能引发安全风险的主要活动。如有几套生产装置，其中几套运行，几套停产；厂区内是否存在特殊作业及种类、次数；是否存在检维修及承包商作业；是否处于开停车、试生产阶段等。

2）企业安全承诺：企业在进行全面安全风险研判的基础上，落实重大危险源的三级包保责任及重大危险源的相关安全风险管控措施，由企业主要负责人承诺当日含重大危险源的所有及其他装置、罐区是否处于安全运行状态，安全风险是否得到有效管控。

（2）重大危险源安全承诺公告方式。

1）公告时间：每天上午 10 时更新，至次日上午 10 时。

2）公告地点：企业主门岗显著位置设置的显示屏。企业设置的显示屏，要求文字图像显示清晰，安装位置符合防火防爆规定，保证人员、车辆安全通行。

思考题

1. 企业重大危险源安全风险如何进行管控？

2. 重大危险源安全风险评价方法都有哪些？如何制定可行的安全管控措施？

第八节　重大危险源隐患排查治理

一、隐患排查

1. 隐患排查的形式有哪些？

化工企业开展安全风险隐患排查工作是加强风险管控、防范重特大事故的基础性工作。隐患排查要体现全过程、全方位、全员参与的原则，既要考虑到以往曾经发生过事故的部位、场所是否旧患又出，又要考虑重大危险源现状是否安全，还要考虑某些部位未来是否存在发生事故的可能性。因此企业的隐患排查工作应该以多种方式开展。

《危险化学品企业安全风险隐患排查治理导则》明确了隐患排查的形式，主要包括日常排查、综合性排查、专业性排查、季节性排查、重点时段及节假日前排查、事故类比排查、复产复工前排查和外聘专家诊断式排查等，其中季节性排查、重点时段及节假日前排查、事故类比排查、复产复工前排查和外聘专家诊断式排查等可以以专项检查形式开展。

日常排查是指基层单位班组、岗位员工的交接班检查和班中巡回检查，以及基层单位（厂）管理人员和各专业技术人员的日常性检查；综合性排查是指以安全生产责任制、各项专业管理制度、安全生产管理制度和化工过程安全管理各要素落实情况为重点开展的全面检查；专业性排查是指工艺、设备、电气、仪表、储运、消防和公用工程等专业对生产各系统进行的检查；季节性排查是指根据各季节特点开展的专项检查；重点时段及节假日前排查是指在重大活动、重点时段和节假日前，对企业各方面工作的排查；事故类比排查是指对企业内或同类企业发生安全事故后举一反三的安全检查；复产复工前排查是指节假日、设备大检修、生产原因等停产较长时间，在重新恢复生产前进行的综合性隐患排查；外聘专家诊断式排查是指聘请外部专家对企业进行的安全检查。

2. 季节性隐患排查的重点是什么？

春季天干物燥，容易产生静电积聚，尤其是设备、管架基础垮塌的部位，应密切关注静电跨接是否遭到破坏。因此，对化工企业而言，春季隐患排查应以防雷、防静电、防解冻泄漏、防解冻坍塌为重点。

夏季气温高、暴雨天气多，沿海地区还会进入台风季节。露天设备在阳光暴晒下可能造成内部物料超温；室内设备可能因通风不良造成温度升高；室外作业人员可能出现高温中暑现象，影响安全生产，威胁人身安全。进入汛期后，洪水倒灌进入存有忌水物料的库房也可能引发事故。因此，夏季隐患排查应以防雷暴、防设备容器超温超压、防台风、防洪、防暑降温为重点。

秋季介于夏冬两季之间，初秋带有夏季气候特征，而深秋则接近冬季气候。因此，秋季的隐患排查既要兼顾夏季的气候特点，又要做好应对严冬到来的准备。因此，秋季的检查重点仍应以防雷暴、防火、防静电、防凝保温为重点，并根据初秋、深秋时段特点不同有所侧重。

冬季气候寒冷，企业生产系统面临的最大的风险就是冻凝，容易引发设备设施破裂失效。同时，雨雪天气造成地面湿滑，存在作业人员跌伤的可能性，因此，冬季隐患排查应以防火、防爆、防雪、防冻、防凝、防滑、防静电为重点，高度重视室外仪器仪表冻凝对安全生产的影响。

对重大危险源开展季节性隐患排查，应针对各季节特点，并结合重大危险源风险情况进行。

3. 综合性隐患排查的重点是什么？

综合性排查围绕安全生产责任制、各项专业管理制度、安全生产管理制度和化工过程安全管理各要素落实情况开展。全员安全生产责任制的排查重点是各管理部门的安全生产责任制落实情况，定期开展考核情况，责任制覆盖范围等；各项专业管理制度、安全生产管理制度的排查重点是制度的执行情况，检查是否存在制度与执行“两张皮”的现象，是否存在制度不适应当前管理要求的现象等；化工过程安全管理各要素落实情况的排查重点是各要素的实际运行情况，如安全信息的管理、特殊作业的管理、承包商的管理、设备设施完好性的管理、安全领导力的践行等是否存在不符合管理要求的问题。

重大危险源主要负责人要组织开展好综合性隐患排查，重点围绕化工过程安全管理各要素的实际运行情况以及各项管理制度执行情况进行检查。

4. 节假日前和重点时段前开展隐患排查的重点是什么？

在国内举办重大活动、节假日以及有特殊要求的重点时段，可能会出现一些预料不到的情况或突发事件。因此，为确保重要活动的顺利进行、重点时段和节假日期间的安全生产工作，构建和谐稳定的社会环境，就需要开展节假日前和重点时段隐患排查。通过对各项准备工作、可能出现的情景进行再模拟、再确认，落实责任人，完善应对方案，做好充分的应急准备工作。如各地少数民族传统节日到来前，国庆、春节长假前或其他重大活动开始前都需要对预定安全工作方案进行再审核、再确认，对人员、物资准备情况进行再落实，确保万无一失。

另外，节假日前检查也应关注对员工心理状态的检查，尤其是春节假期前，忙碌的节假日可能使员工因心理躁动而滋生各种安全隐患，忽视各种风险，导致误操作现象。

重大危险源的风险特点决定了一旦发生事故，必然导致严重的后果和重大社会影响。节假日期间和重点时段，若企业应急力量不足，容易出现救援不及时、事故后果扩大的可能。因此，做好节假日前的隐患排查，及时发现可能导致事故的隐患并及时整改，可以防患于未然。重大危险源主要负责人要在重点时段、重大节假日前，组织对重大危险源开展专项检查。

节假日前和重点时段前开展隐患排查重点围绕以下内容进行：

（1）值班安排、领导值班人员在岗在位情况；

（2）生产运行、原料、产品存量情况；

（3）节假日和重点时段对生产运行计划调整准备情况；

（4）应急、抢险器材准备情况；

（5）应急人员值班情况；

（6）员工心理变化、波动情况。

二、隐患治理

1. 如何保证隐患得以及时整改？

企业应建立隐患排查治理制度，落实整改责任，对排查中发现的隐患按照“五定”（定人员、定时间、定责任、定标准、定措施）原则开展治理工作，实行闭环管理。“定人员”是指将隐患整改的具体实施明确到人；“定时间”是指规定隐患整改的期限；“定责任”是指明确具体实施人的责任及考核要求；“定标准”是指明确隐患整改必须达到的标准，要求符合国家标准或行业标准，确保安全、可靠；“定措施”是指制定整改实施方案和保证整改过程安全的应急措施。

重大危险源主要负责人要督促技术负责人和操作负责人对发现的隐患问题进行统计和原因分析，查找根原因，并举一反三，从根本上解决问题，避免类似隐患问题重复出现。

隐患整改台账可参照表 2-5 建立。

表 2-5　隐患整改台账样表

序号	隐患名称	隐患部位	是否是重大隐患	整改责任人	整改措施	整改期限	验收标准	验收时间	验收人

确定整改方案是保证隐患得以正确整改的基础。编制整改方案要充分考虑到整改时机和整改过程可能存在的风险，本着可行性、可靠性和安全性的原则做好整改方案，一旦条件具备及时进行整改。

重大危险源包保主要负责人应督促技术负责人和操作负责人及时按照要求完成隐患的整改工作，落实整改责任，同时还要落实验收责任，避免验收走过场。在对企业开展问题整改“回头看”活动中，经常会发现部分企业存在隐患问题整改不到位的现象，一是源于部分企业对专家提出的隐患问题认识不到位，不知如何整改，也没有明确的整改方案，二是源于企业的整改验收人员也不掌握整改的合格标准，从而出现企业虽然对隐患进行了整改，但仍整改不到位的现象。

2. 对不能及时整改的隐患可采取哪些管控措施?

对排查中发现的隐患进行整改是需要一定条件的，既要考虑到整改方案的可靠性，又要考虑到整改时机的适宜性。对能立即整改的隐患应立即整改，并如实记录安全风险隐患排查治理情况，建立安全风险隐患排查治理台账，及时向员工通报。

对不能及时整改的隐患应采取管控措施。《危险化学品企业安全风险隐患排查治理导则》指出，对于不能立即完成整改的隐患，应进行安全风险分析，并应从工程控制、安全管理、个体防护、应急处置及培训教育等方面采取有效的管控措施，防止安全事故的发生。工程控制措施包括通过对装置、工艺、设备设施等重新设计来消除或削弱危害，可以通过对产生或导致危害的设施或场所进行密闭来减少对人员的伤害，还可以通过隔离措施把人与危险区域隔开，也可以改变泄漏物料的喷射方向来降低危害。安全管理措施包括强化操作培训告知、减少隐患场所人员数量或人员在危险环境下的暴露时间、增加监护力量、谨慎操作等手段降低危害。个体防护措施是加强作业人员的防护装备佩戴，如配备空气呼吸器、系安全绳、携带警示灯等手段来保证人员安全。应急处置措施是针对隐患可能造成的后果，细化应急处置原则，选择合适的处置时机，建立应急授权机制，明确用权条件，在隐患有可能演化为事故时采取断然措施，避免事故发生。

企业应准确分析隐患可能造成的事故后果，合理划分可以立即整改的或允许延迟整改的隐患范围，对不能及时整改的隐患应选择适当的措施管控好风险，防止隐患进一步演化成事故。

根据《中华人民共和国安全生产法》的规定，重大事故隐患排除前或者排除过程中无法保证安全的，应当责令从危险区域内撤出作业人员，责令暂时停产停业或者停止使用相关设施、设备；重大事故隐患排除后，经审查同意，方可恢复生产经营和使用。

3. 重大危险源可能涉及哪些重大隐患？对重大隐患应如何处理?

《化工和危险化学品生产经营单位重大生产安全事故隐患判定标准（试行）》

中列出了化工和危险化学品企业构成重大隐患的20种情形。

（1）危险化学品生产、经营单位主要负责人和安全生产管理人员未依法经考核合格。

（2）特种作业人员未持证上岗。

（3）涉及“两重点一重大”的生产装置、储存设施外部安全防护距离不符合国家标准要求。

（4）涉及重点监管危险化工工艺的装置未实现自动化控制，系统未实现紧急停车功能，装备的自动化控制系统、紧急停车系统未投入使用。

（5）构成一级、二级重大危险源的危险化学品罐区未实现紧急切断功能；涉及毒性气体、液化气体、剧毒液体的一级、二级重大危险源的危险化学品罐区未配备独立的安全仪表系统。

（6）全压力式液化烃储罐未按国家标准设置注水措施。

（7）液化烃、液氨、液氯等易燃易爆、有毒有害液化气体的充装未使用万向管道充装系统。

（8）光气、氯气等剧毒气体及硫化氢气体管道穿越除厂区（包括化工园区、工业园区）外的公共区域。

（9）地区架空电力线路穿越生产区且不符合国家标准要求。

（10）在役化工装置未经正规设计且未进行安全设计诊断。

（11）使用淘汰落后安全技术工艺、设备目录列出的工艺、设备。

（12）涉及可燃和有毒有害气体泄漏的场所未按国家标准设置检测报警装置，爆炸危险场所未按国家标准安装使用防爆电气设备。

（13）控制室或机柜间面向具有火灾、爆炸危险性装置一侧不满足国家标准关于防火防爆的要求。

（14）化工生产装置未按国家标准要求设置双重电源供电，自动化控制系统未设置不间断电源。

（15）安全阀、爆破片等安全附件未正常投用。

（16）未建立与岗位相匹配的全员安全生产责任制或者未制定实施生产安全事故隐患排查治理制度。

（17）未制定操作规程和工艺控制指标。

（18）未按照国家标准制定动火、进入受限空间等特殊作业管理制度，或者制度未有效执行。

（19）新开发的危险化学品生产工艺未经小试、中试、工业化试验直接进行工业化生产；国内首次使用的化工工艺未经过省级人民政府有关部门组织的安全可靠性论证；新建装置未制定试生产方案投料开车；精细化工企业未按规范性文件要求开展反应安全风险评估。

（20）未按国家标准分区分类储存危险化学品，超量、超品种储存危险化学品，相互禁配物质混放混存。

重大危险源场所包括生产场所和存储场所，包保责任人的选用、工艺过程的安全运行、罐区监测监控设施的配备和运行以及隐患排查、特殊作业等方方面面均与重大危险源有关，因此上述20种重大隐患情形在重大危险源场所都有可能涉及。

企业员工对发现的涉及重大危险源的重大隐患向包保主要负责人报告或直接向人民政府应急管理部门报告，是《中华人民共和国安全生产法》赋予的基本权利。此项规定一方面可以约束企业重大危险源主要负责人高度重视企业存在的重大隐患问题，积极组织整改，另一方面也可以通过应急管理部门依法履行职责，对企业采取强有力监督措施，消除重大隐患。

对于重大隐患，企业要结合自身的生产经营实际情况，立即采取充分的风险控制措施进行隐患治理，必要时立即停产治理。企业重大危险源包保主要负责人应组织制定并实施事故隐患治理方案，方案内容包括治理的目标和任务、采取的方法和措施、经费和物资的落实、负责治理的机构和人员、治理的时限和要求、防止整改期间发生事故的安全措施等。

三、隐患评估

1. 如何做好隐患整改后的评估工作？

做好隐患整改后的评估工作可以避免类似隐患重复发生。通过隐患整改后的评估工作，进一步确认隐患是否已获得根除，验收过程是否坚持高标准、严要求。

在隐患整改过程中，可能涉及变更管理，要通过后评估工作，核实整改过程是否执行了企业的变更管理制度，相关信息是否得以更新，涉及的人员是否已得到培训，相关操作规程是否进行了调整等。通过后评估，切实实现隐患整改的闭环管理，并使相关人员进一步加深对国家法规标准条款的正确理解。

重大危险源主要负责人要定期听取隐患整改后评估工作开展情况，分析隐患存在的原因，总结整改经验。

2. 如何建立隐患排查治理长效机制?

避免类似隐患重复发生，一是要认真做好隐患整改后评估工作，通过开展举一反三活动，查找存在的类似隐患并进行整改；二是要认真分析隐患产生的根原因，建立防止类似隐患重复发生的长效机制。

建立隐患排查治理长效机制应从隐患原因分析、制定措施、落实措施等方面开展工作。

（1）隐患原因分析。一般而言，企业生产经营过程中存在隐患的根原因大多是管理原因，主要表现在：

1）缺少良好的企业安全文化氛围，企业管理松散，员工对自身安全要求不高，生产现场管理低标准、坏习惯频频出现；

2）主要负责人及管理人员安全生产知识及管理技能不能满足安全生产的要求；

3）各项管理制度落实不到位，如重大危险源的定期巡检、作业管理、承包商管理、装卸车管理、设备防腐蚀防泄漏管理等落实不到位；

4）操作规程执行不严格，“三违”现象多发；

5）员工安全素质不高，风险识别和管控能力不足，现场应急处置能力不强等。

（2）制定措施。从技术、管理、人员等方面认真分析隐患产生的原因，制定有针对性的对策，在隐患整改的同时，不断优化措施。

（3）落实措施。在完善措施的同时，开展举一反三活动，落实整改措施，完善相关制度，强化管理，建立并确保长效机制有效。

任何一个原因都可能使一个小小的隐患演化成事故。重大危险源主要负责人应定期听取隐患根本原因的分析情况，从查找自身原因开始，不断提升管理水平，切实防止类似隐患重复出现。

思考题

1. 化工企业如何合理组织各类隐患排查活动？
2. 全员参与隐患排查工作的意义是什么？

第九节　重大危险源作业安全

一、特殊作业安全管理

1. 哪些作业属于特殊作业？

根据《危险化学品企业特殊作业安全规范》（GB 30871—2022），危险化学品企业生产经营过程中可能涉及的动火、进入受限空间、盲板抽堵、高处作业、吊装、临时用电、动土、断路等，对作业者本人、他人及周围建（构）筑物、设备设施可能造成危害或损毁的作业属于特殊作业。

2. 为什么要加强对特殊作业环节的安全管理？

特殊作业具有作业过程风险大，事故易发、多发的特点，容易导致人身伤亡或设备损坏，造成严重的事故后果。据统计，有40%以上的化工生产安全事故与特殊作业有关。2015 年 5 月 16 日，山西晋城某化工公司操作人员未佩戴防护用品进入受限空间实施管道维修作业时，发生硫化氢中毒，后续员工盲目施救造成事故扩大，导致8人死亡；2018年5月12日，上海某石化公司承包商员工进入苯储罐作业过程中，由于施工器具管理不规范，导致在可燃气体环境中发生着火爆炸事故，导致6人死亡。

3. 特殊作业过程存在的主要风险是什么?

特殊作业过程中存在的主要风险包括导致火灾、爆炸、中毒和窒息、触电、物体打击、机械伤害、起重伤害、车辆伤害、高处坠落、灼烫、坍塌、淹溺等事故的风险。

（1）动火作业。在存在易燃易爆气体、液体、粉尘等环境下实施动火作业，如果易燃易爆物不能有效隔离，在引入“点火源”后很容易引起燃烧甚至爆炸。在已经经气体检测分析合格的场所进行动火作业，也可能会因附着在设备管道内壁的残留物料受热再次产生易燃易爆气体，引发火灾爆炸。

（2）进入受限空间作业。进入受限空间作业过程中，可能存在中毒、缺氧窒息、火灾爆炸及淹溺、高处坠落、触电、物体打击、机械伤害、灼烫、坍塌、高温高湿等各类风险，如：

1）进入盛装过有毒、可燃物料的受限空间，在置换、吹扫或蒸煮不彻底，残留或逸出有毒、可燃气体时，可能导致人员中毒、火灾爆炸；

2）在分析合格的受限空间内实施清理积料作业，翻动、排出积料时造成有毒、可燃气体重新逸出而引起的人员中毒、火灾爆炸；

3）因与受限空间连通的管道未完全隔离、与受限空间连通的孔洞未严密封堵，导致可燃、有毒气体窜入受限空间内，带来的作业人员中毒、火灾爆炸；

4）因未保持受限空间内空气良好流通而使氧含量不足，可能导致的作业人员窒息；

5）进入带有电气设施的空间，因对作业设备上的电器电源未采取断电等可靠措施，可能导致的作业人员触电；

6）进入带有搅拌器的设备内作业未办理停电手续，若发生误操作可能造成的人员机械伤害；

7）因作业人员未佩戴必要的个体防护装备，而可能导致的个体伤害；

8）在受限空间内高处作业，因个体防护设施不全造成的高处坠落风险以及脚手架搭设不牢造成的坍塌；

9）因盲目施救而可能导致的事故扩大化；

10）进入有积水的地下水池清料，因作业不当造成的人员淹溺。

（3）盲板抽堵作业。盲板抽堵作业过程中，最主要的风险是中毒窒息、灼烫（化学灼伤、烫伤或冻伤）、火灾爆炸、物体打击等，其次是机械伤害、起重伤害，根据具体的作业情况，可能的风险还有高处坠落、触电等。盲板抽堵作业时，设备（管道）内的介质往往难以彻底处理干净，管道内压力有时也难以泄至常压，根据介质的不同危险特性，从而会产生中毒窒息、灼烫（化学灼伤、烫伤或冻伤）、火灾爆炸等危害。对使用的工具操作不慎、误操作，也可能导致物体打击、机械伤害、起重伤害等事故的发生，在管廊上或高处平台上作业，也存在高处坠落的风险。

（4）高处作业。在高处作业时，如果护栏、围挡等安全措施不到位，作业人员在作业时未系安全带或安全带悬挂、使用不当，或在高处行走时失足，都有可能导致人员意外跌落，造成高处坠落事故。

（5）吊装作业。吊装作业过程中，可能存在的风险主要有：

1）吊装作业现场有含危险物料的设备、管道，如操作不当，吊具或吊物碰撞设备、管道，可能会损坏设备、管道，并导致危险物料泄漏，继而导致人员中毒、化学灼伤、火灾爆炸等事故。

2）靠近高架电力线路进行吊装作业，如操作不当，吊具或吊物碰撞带电线路，造成人员触电、损坏电力线路、供电线路停电等事故。

3）遇大雪、暴雨、大雾、六级及以上大风露天吊装作业时，因视线不清、湿滑、风大等原因导致多种起重伤害或吊物损坏。

4）起重机械、吊具、索具、安全装置等存在问题，吊具、索具未经计算选择使用等原因，吊装过程中吊具、索具等损坏，吊物坠落损坏。

5）未按规定负荷进行吊装、未进行试吊、吊车支撑不规范不稳，导致吊车倾覆。

6）利用管道、管架、电杆、机电设备等作吊装锚点，存在造成管道、管架、电杆、机电设备损坏的可能性，并可能引发其他次生事故。

7）吊物捆绑、紧固，吊挂不牢，吊挂不平衡，索具打结，索具不齐，斜拉重物，棱角吊物与钢丝绳之间无衬垫等情况，导致吊物坠落。

8）吊装过程中吊物及起重臂移动区域下方有人员经过或停留、吊物上有人，吊物坠落、物体打击并造成人员伤亡。

9）吊装操作人员、指挥人员不专业，操作不规范，导致多种起重事故。

10）吊机操作人员位于高处时，因行走不慎，造成高处坠落。

（6）临时用电作业。临时用电作业过程中可能潜在的风险主要表现在人员触电风险和火灾爆炸。

1）人员触电风险。人员操作不当、违章操作、电气设备绝缘破坏、保护接地失效等情况导致人员触电。作业人员使用了不绝缘的设备进行带电操作，也同样可能会造成人员触电。电气设备设施绝缘破坏、未设置保护接地或接地断开，使电气设备意外带电，也会引起人员触电事故。

2）火灾爆炸风险。在防爆区域内使用非防爆电气设备，因电火花、高温表面而引发火灾、爆炸。在防爆区接电过程中，如果电气线路及电气设备接触不良，存在送电时发生电气打火引发火灾爆炸。

电气设备过载、接触不良可导致电气设施过热引发火灾。临时用电作业线路及作业点周围可燃物没有清理，因过载、线路接触不良等原因，设备、线路连接处等部位会造成局部高温，并引燃可燃物，引起火灾。

（7）动土作业和断路作业。

1）火灾爆炸、触电、人员中毒等风险。破坏地下的电缆（通信、动力、监控等）、管线（消防水、工艺水、污水、危险化学品介质等）等地下隐蔽设施，并进而引发触电、区域停电、危险介质泄漏、人员中毒、火灾爆炸、装置停车等事故。

2）坍塌风险。未设置固壁支撑、水渗入作业层面等情况造成塌方，导致人员受困。

3）机械伤害风险。使用机械挖掘或两人以上同时挖土时相距较近，造成人员意外机械伤害。

4. 特殊作业过程存在的问题隐患有哪些？

（1）对作业场所易燃易爆气体检测不达标即进行动火作业。

（2）实施特殊作业前，未办理作业票即开始作业。

（3）在火灾爆炸危险场所作业时使用非防爆工具。

（4）动火作业时因分级不准确而降低审批要求，导致风险管控措施不足。

（5）受限空间作业时因受限空间内易燃易爆、有毒有害气体置换不达标而强行进入作业。

（6）实施特殊作业时，涉及特种作业的人员无证上岗，违章作业。

（7）实施特殊作业时，因缺乏监护人或监护人未履行职责。

（8）实施特殊作业时，采取的各种风险管控措施不到位或缺失。

（9）企业未制定特殊作业安全管理制度，相关人员不清楚自身在特殊作业管理过程中的职责而造成管理“真空”。

（10）企业特殊作业过程中出现变更或存在关联作业，未按照要求及时办理相关作业票造成风险管控措施不足。

5. 主要负责人应如何抓好涉及重大危险源的特殊作业管理？

特殊作业风险系数较高，涉及重大危险源的特殊作业发生事故的后果和影响会更严重，因此必须高度重视重大危险源的特殊作业安全管理。重点抓好以下几个方面的工作。

（1）按照《危险化学品企业特殊作业安全规范》（GB 30871—2022）要求，结合企业管理实际，制定企业的特殊作业管理制度，明确审批级别和审批权限。

（2）督促技术负责人和操作负责人认真落实好特殊作业安全管控措施，尤其是动火作业和进入受限空间作业实施前、实施中的风险管控措施。

（3）保证安全费用足额投入，提高重大危险源设备设施完好性，做好设备预防性维修工作，尽量减少在重大危险源场所实施特殊作业的次数，做到在重大危险源场所不动火或少动火；督促技术负责人定期对重大危险源场所实施特殊作业的情况进行统计分析，查找不足。

（4）督促技术负责人做好承包商的监督管理工作，定期考核其安全业绩，抽查承担特殊作业的承包商人员的持证情况，严禁承包商作业人员无证上岗。

（5）选派有一定经验并经培训考核合格的人员担任特殊作业监护人。定期组织安全培训教育，使监护人真正掌握作业场所的风险以及应急处置技能，履行好监护人的职责。

（6）在综合性隐患排查过程中，重点关注特殊作业管理制度的执行情况，严查违章作业现象。

二、试生产管理

1. 试生产过程中可能出现的安全风险有哪些?

化工项目（包括重大危险源新、改、扩项目）试生产过程中可能出现设备管道损坏风险，火灾爆炸风险，机械伤害风险，灼、烫伤风险，触电伤害风险，中毒、窒息风险，高处坠落及物体打击伤害风险等。一旦风险失控，可能造成财产损失，甚至会造成人员伤亡等事故。

（1）设备管道损坏风险。在试生产中发生设备管道的损坏是最有可能发生的问题，主要原因有 2 个方面。一是生产装置方面，本身存在设计缺陷，不满足生产运行要求，而未被发现或认识到，或者安装质量把关不严、试车调试过程不细致达不到开车要求，或者对潜在的隐患未能在验收中发现，在试生产时才反映出来。二是试生产人员对生产装置和开车方案生疏，操作不熟练甚至出现误操作，引发设备损坏事故发生。一旦发生此类事故，轻则造成财产损失，影响试生产进度，重则造成人员伤亡。例如，2015 年漳州古雷腾龙芳烃（漳州）有限公司“4·6”爆炸着火事故就是因焊接质量问题导致管道焊口断裂发生的泄漏着火爆炸事故。

（2）火灾爆炸风险。在试生产过程中由于操作人员违规操作，装置区防爆电气、照明设施未做好检查、维修，防爆性能不满足要求，防雷防静电设施的不完好，未严格执行动火作业管理，压力容器、压力管道超温超压运行等现象的存在，均可能造成火灾、爆炸的风险。

（3）机械伤害风险。试生产过程中存在大量的转动设备，转动机械设备的传动装置未安装防护栏、防护罩，未采用密封隔离措施，可能造成机械伤害的风险。

（4）灼、烫伤风险。试生产过程中接触高、低压蒸汽、高温物料、腐蚀物料等，都可能会造成人员灼伤、烫伤的风险。

（5）触电风险。试生产装置中电气设备较多，高低压并存，绝缘不良、安全防护不全、电器设备检修时操作不当、电气及线路腐蚀损坏、露天电气设备、开关进水受潮、防护用品和工具质量有缺陷等原因均能引发触电伤害的风险。

（6）中毒、窒息风险。试生产过程中可能存在二氧化碳、氮气等窒息气体，设备和管道密封不严，或发生泄漏事故，会引起中毒、窒息的风险。

（7）高处坠落及物体打击风险。试生产过程中，部分操作和巡回检查，可能在二层以上甚至超过 15 m 处进行，高处坠落及物体打击也是试生产中容易出现的风险。

（8）气密性试压时设备、管线的试验压力一般都是较高的，如果出现安全阀和截止阀关闭、压力过大、管道焊接质量不达标等情况时，会出现气密性试压物料喷出伤人的风险。

（9）使用“四新”过程中存在的风险。新建项目可能会使用新工艺、新设备、新技术、新材料，在试生产期间，由于这些工艺、设备是第一次使用，可能存在工艺技术不成熟、设备性能不稳定、人员不会操作等原因，从而导致事故发生。尤其是涉及新开发的危险化工工艺，在未开展反应风险评估工作即投入使用，风险极大。

（10）试生产期间，参与单位和参与人员众多，现场秩序可能存在混乱现象，管理界限不清，可能因职责不清造成“管理真空”，容易导致事故发生。

2. 化工生产装置试生产的总体要求是什么？

（1）化工装置投料试车前，应按照有关法规要求将试生产方案，设计、施工、监理单位和外聘专家对试生产方案和试生产条件的签字、确认意见，以及资质单位出具的试生产条件安全评价报告等事项书面报告当地有关部门。

（2）化工装置试车分为 4 个阶段，即试车前的生产准备阶段、预试车和联动试车阶段、化工投料试车阶段、生产考核阶段。从预试车开始，每个阶段必须符合规定的条件、程序和标准要求后，方可进入下一个阶段。

（3）化工装置试车及各项生产准备工作必须坚持“安全第一，预防为主，综合治理”的方针，明确试生产安全管理职责。

（4）化工装置试车工作应遵循“单机试车要早，吹扫气密要严，联动试车要全，投料试车要稳，试车方案要优”的原则，做到安全稳妥。

（5）建设（生产）单位应负责组织建设或检维修、生产准备、试车、生产考核各项工作，负责化工投料试车的组织和指挥、生产考核工作。

（6）化工装置安全设施施工完成后，建设（生产）单位应当按照有关法律、法规、规章、标准和有关规定，组织工程技术人员或委托设备制造、检测检验等单位对危险化学品装置安全设施进行调试和检验检测，保证化工装置安全设施满足危险化学品生产、储存、使用的安全要求，并保持正常适用状态。

3. 化工生产装置在试生产前应做好哪些准备工作?

生产准备工作应从化工建设项目（包括重大危险源新、改、扩项目）审批（核准、备案）后开始。建设（生产）单位应将生产准备工作纳入项目建设的总体统筹计划，及早组织生产准备部门及聘请设计、施工、监理、生产方面的专家编制各种准备工作方案。主要负责人要组织各种准备工作方案的编制工作，并负责监督实施工作，主要准备工作如下。

（1）组织准备。组织准备一般包括生产准备和试车的领导机构、工作机构，明确负责人、成员、工作职责、工作标准、工作流程等相应规定，建立健全各项管理规章制度。

（2）人员准备。根据审批的定员及人员配备计划，配齐各级管理人员、技术人员、技能操作人员。同时做好相应岗位人员的培训工作，并经考试合格后，方可进行试生产相关工作。

（3）技术准备。技术资料、图纸、操作手册的编印。编制各种技术规程、岗位操作法和安全操作规程；编制各类综合性技术资料；编制企业管理的各项规章制度；编制大机组试车和系统干燥、置换及“三剂”（催化剂、溶剂、干燥剂）装填、保护等方案，并配合施工单位编制系统吹扫、气密及化学清洗方案；编制覆盖全部试车项目的各种试车方案。

（4）安全准备。

1）安全生产管理机构的建立和人员配备、培训、考核。

2）安全生产责任制、安全管理制度和安全操作技术规程。

3）全员安全培训计划。

4）同类装置安全事故案例搜集、汇编以及教育安排。

5）装置试车涉及的每种物质的防火注意事项和灭火处理措施。

6）安全、消防、救护等应急设施使用维护管理规程和消防设施分布及使用资料。

7）化工装置的风险识别及试车的风险评价或危险与可操作性分析（HAZOP），重大危险源辨识。

8）应急救援预案、组织和队伍。

9）周边环境安全条件及控制措施。

10）化工装置试车过程中的区域限制。

（5）物资准备。做好主要原料、燃料及试车物料，辅助材料、生产专用工具、工器具、管道、管件、阀门等采购计划提报、到货验收、现场使用等方面的物资准备工作。

（6）外部条件准备。落实外部供给的电力、水源、蒸汽等动力的联网及供给时间，厂外道路、雨排水、工业污水等工程的接通。

（7）产品储存及物流运输准备。按照国家有关标准规定，设置产品储存设施；制定产品储存、装卸规范，设备维护保养规范，安全技术规范和应急预案。

（8）其他准备。后勤服务保障准备；技术提供、专利持有或承包方配合的有关准备。

4. 化工生产装置试生产前各环节的安全管理要求有哪些？

建设项目试生产前，建设单位或总承包商要及时组织设计、施工、监理、生产等单位的工程技术人员开展“三查四定”（三查：查设计漏项、查工程质量、查工程隐患；四定：整改工作定任务、定人员、定时间、定措施），确保施工质量符合有关标准和设计要求，确认工艺危害分析报告中的改进措施和安全保障措施已经落实。

（1）系统吹扫冲洗安全管理。在系统吹扫冲洗前，要在排放口设置警戒区，拆除易被吹扫冲洗损坏的所有部件，确认吹扫冲洗流程、介质及压力。蒸汽吹扫时，要落实防止人员烫伤的防护措施。

（2）气密试验安全管理。要确保气密试验方案全覆盖、无遗漏，明确各系统气密的最高压力等级。高压系统气密试验前，要分成若干等级压力，逐级进行气密试验。真空系统进行真空试验前，要先完成气密试验。要用盲板将气密试验系统与其他系统隔离，严禁超压。气密试验时，要安排专人监控，发现问题，及时处理；做好气密检查记录，签字备查。

（3）单机试车安全管理。企业要建立单机试车安全管理程序。单机试车前，要编制试车方案、操作规程，并经各专业确认。单机试车过程中，应安排专人操作、监护、记录，发现异常立即处理。单机试车结束后，建设单位要组织设计、施工、监理及制造商等方面人员签字确认并填写试车记录。

（4）联动试车安全管理。联动试车应具备下列条件：所有操作人员考核合格并已取得上岗资格；公用工程系统已稳定运行；试车方案和相关操作规程、经审查批准的仪表报警和联锁值已整定完毕；各类生产记录、报表已印发到岗位；负责统一指挥的协调人员已经确定。引入燃料或窒息性气体后，企业必须建立并执行每日安全调度例会制度，统筹协调全部试车的安全管理工作。

（5）投料安全管理。投料前，要全面检查工艺、设备、电气、仪表、公用工程和应急准备等情况，具备条件后方可进行投料。投料及试生产过程中，管理人员要现场指挥，操作人员要持续进行现场巡查，设备、电气、仪表等专业人员要加强现场巡检，发现问题及时报告和处理。投料试生产过程中，要严格控制现场人数，严禁无关人员进入现场。

5. 试生产考核的内容有哪些?

试生产考核的主要任务是对化工装置的生产能力、安全性能、工艺指标、环保指标、产品质量、设备性能、自控水平、消耗定额等是否达到设计要求进行全面考核，包括对配套的公用工程和辅助设施的能力进行全面鉴定。试生产考核的主要内容如下：

（1）装置生产能力；

（2）原料、燃料及动力指标；

（3）主要工艺指标；

（4）产品质量和成本；

（5）自控仪表、在线分析仪表和工艺联锁、安全联锁投用情况；

（6）机电设备的运行状况；

（7）安全设施的稳定性、有效性以及安全生产管理情况；

（8）“三废”排放达标情况；

（9）设计合同规定要考核的其他项目。

6. 试生产总结的内容有哪些?

建设（生产）单位原则上应在化工投料试车结束后半年内（中、小型化工装置3个月内），在原始记录整理、归纳、分析的基础上，写出化工装置的试车总结，留存备案。试车总结应重点包括下列内容：

（1）各项生产准备工作；

（2）试车实际步骤与进度；

（3）试车实际网络与计划网络的对比图；

（4）试车过程中遇到的难点与对策；

（5）开停车事故统计分析；

（6）安全设施的稳定性、有效性和存在问题及其对策措施；

（7）试车成本分析；

（8）试车的经验与教训；

（9）意见及建议。

三、开停车管理

1. 开停车过程中存在的安全风险有哪些?

化工装置在开停车阶段存在的安全风险因素比正常生产阶段更集中、更危险、更复杂，也是事故多发的过程，其危险性表现在：

（1）装置的开停车技术要求高、程序复杂、操作难度大，是一个需要多专业、多岗位紧密配合的系统工程。在开停车过程中，装置工况处于不稳定、操作条件时刻变化、不断进行操作调整的状态，全厂性的动力供应等也处于不稳定状态。

（2）检修后装置的开车，所有设备、仪表等，随着开车进度陆续投用，逐一经受检验，随时可能出现故障、泄漏等问题。

（3）新建装置的开车，装置的流程、设备没有经过正式生产的检验，人员对新装置的认识、操作熟练程度、处理问题的经验等达不到老装置人员的水平。因此，开停车过程的风险因素是随时变化的，也是不确定的。相比而言，新建装置的开车比老装置停车检修后的再开车风险更大。鉴于装置开停车过程的危险性，企业对装置开停车过程应予以高度重视。

开车管理是指生产装置或设施安装、变更或检修施车状态结束，开始转入开车过程，直到开车正常、产品合格的管理过程；停车管理是指生产装置或设施从开车状态转入停车操作，包括退料、吹扫等，直到交付检修的过程。

2. 开停车安全管理的要求有哪些?

化工生产过程中，出现的开停车状况很多，除项目建成后的原始开车外，还有正常状态下的开停车、临时停车、紧急停车后的再开车以及大检修后的开车等等。对每一种情形下的开停车操作都有不同的要求，必须分别制定方案进行管理。

《关于加强化工过程安全管理的指导意见》（安监总管三〔2013〕88号）对开停车管理提出的要求如下。

（1）企业要制定开停车安全条件检查确认制度。在正常开停车、紧急停车后的开车前，都要进行安全条件检查确认。开停车前，企业要进行风险辨识分析，制定开停车方案，编制安全措施和开停车步骤确认表，经生产和安全管理部门审查同意后，要严格执行并将相关资料存档备查。

（2）企业要落实开停车安全管理责任，严格执行开停车方案，建立重要作业责任人签字确认制度。开车过程中装置依次进行吹扫、清洗、气密试验时，要制定有效的安全措施；引进蒸汽、氮气、易燃易爆、腐蚀性介质前，要指定有经验的专业人员进行流程确认；引进物料时，要随时监测物料流量、温度、压力、液位等参数变化情况，确认流程是否正确。要严格控制进退料顺序和速率，现场安排专人不间断巡检，监控有无泄漏等异常现象。

（3）停车过程中的设备、管线低点的排放要按照顺序缓慢进行，并做好个人防护；设备、管线吹扫处理完毕后，要用盲板切断与其他系统的联系。抽堵盲板作业应在编号、挂牌、登记后按规定的顺序进行，并安排专人逐一进行现场确认。

四、变更管理

1. 危险化学品企业为什么要开展变更管理?

变更管理是指对人员、工作过程、工作程序、技术、设施等永久性或暂时性的变化进行有计划的控制，确保变更带来的危害得到充分识别，风险得到有效控制的一套管理体系。工艺控制范围内的调整、设备设施维护或更换同类型设备不属于变更管理的范围。

变更会造成企业风险发生变化，不正确的变更可能导致火灾、爆炸或有毒气体泄漏等灾难性事故发生，变更过程管理不严，也极易发生安全事故。如中石油大连“7・16”火灾事故、连云港聚鑫生物公司“12・9”火灾爆炸事故、河北克尔化工“2・28”重大爆炸事故以及上海赛科“5・12”事故等。其中聚鑫生物公司“12・9”火灾爆炸事故就是典型的变更管理失控，原设计保温釜物料压入高位槽的介质为氮气，因制氮机损坏，企业擅自改用压缩空气；擅自将改造后的尾气处理系统与原有的氯化水洗尾气处理系统在三级碱吸收前连通，中间仅设置了一个管道隔膜阀，在使用过程中，原本两个独立的尾气处理系统实际串连成一个系统；同时擅自取消保温釜爆破片。河北克尔化工“2・28”重大爆炸事故也是严重的变更管理失控，随意将原料尿素变更为双氰胺，随意提高导热油温度（将导热油加热器出口温度设定高限由 215 ℃提高至 255 ℃，使反应釜内物料温度接近了硝酸胍的爆燃点 270 ℃），未经设计增设一台导热油加热器；在反应釜底部伴热导热油软管发生泄漏着火后，外部火源使反应釜底部温度升高，局部热量积聚，造成釜内反应产物硝酸胍和未反应的硝酸铵急剧分解爆炸。1974 年发生的英国弗利克斯伯勒镇已内酰胺生产装置爆炸事故被公认为是变更管理研究的开端。因此化工企业必须高度重视变更管理，通过建立并严格执行制度来规范变更管理。而评估变更后可能产生的风险，并采取有效措施降低与管控风险，是变更管理的核心。

2. 变更管理的目的和作用是什么?

变更管理的目的是对化学品、工艺技术、设备设施、程序以及操作过程等永久性或暂时性的变更进行有计划的规范控制，消除或减少由于变更而引起的潜在事故隐患，确保人身、财产安全，不破坏环境，不损害企业的声誉。具体可以实现以下作用：

（1）控制已经做过风险分析的系统实施的变更；

（2）明确变更管理过程中的责任；

（3）通知变更可能会影响到的相关人员；

（4）保证变更时的风险识别与评价；

（5）保证资料及时更新。

3. 变更的类型及内容有哪些?

变更可分为工艺技术变更、设备设施变更和管理变更。

（1）工艺技术变更主要包括生产能力，原辅材料（包括助剂、添加剂、催化剂等）和介质（包括成分比例的变化），工艺路线、流程及操作条件，工艺操作规程或操作方法，工艺控制参数，仪表控制系统（包括安全报警和联锁整定值的改变），水、电、汽、风等公用工程方面的改变等。

（2）设备设施变更主要包括设备设施的更新改造、非同类型替换（包括型号、材质、安全设施的变更）、布局改变，备件、材料的改变，监控、测量仪表的变更，计算机及软件的变更，电气设备的变更，增加临时的电气设备等。

（3）管理变更主要包括人员、供应商和承包商、管理机构、管理职责、管理制度和标准等发生变化。

企业应建立变更管理体系，在工艺、设备、仪表、电气、公用工程、备件、材料、化学品、生产组织方式和人员等方面发生的所有变化，都要纳入变更管理。变更管理制度至少包括以下内容：变更的事项、起始时间，变更的技术基础、可能带来的安全风险，消除和控制安全风险的措施，是否修改操作规程，变更审批权限，变更实施后的安全验收等。实施变更前、企业组织专业人员进行检查，确保变更具备安全条件，明确受变更影响的本企业人员和承包商作业人员，并对其进行相应的培训。变更完成后，企业要及时更新相应的安全生产信息，建立变更管理档案。

4. 变更管理的程序是什么？

变更管理的程序一般分为 4 个步骤：申请—审批—实施—验收。

（1）变更申请。实施变更时，变更申请人应按要求统一填写变更申请表，并由专人负责管理。

（2）变更审批。变更申请表应上报主管部门，由主管部门负责组织有关人员进行风险分析，确定变更产生的风险，制定控制措施。变更申请应逐级上报主管部门和主管领导审批。主管部门应组织有关人员按变更原因和实际生产需要确定是否进行变更。变更批准后，由各相关职责部门负责实施并形成文件。任何临时性的变更，未经审查和批准，不得超过原批准的范围和期限。

（3）变更实施。按照批准的方案选取适当的时机实施。

（4）变更验收。变更实施结束后，变更主管部门应对变更情况进行验收，确保变更达到计划要求。

变更发生后，变更主管部门应及时将变更结果通知相关部门和人员，并及时对相关人员进行培训，使其掌握新的工作程序或操作方法。在变更验收合格后，按文件管理要求，应及时修订操作规程和工艺控制参数，制定、完善管理制度，新的文件资料按有关程序及时发至有关部门和人员，及时更新相应的过程安全信息，建立变更管理档案，将变更资料及时归档保存、备查。如提出的变更在决策时被否决，其初始记录也应予以保存。

五、检维修作业管理

1. 化工企业应如何开展检维修作业管理？

化工企业检维修包括全厂停车大检修，一套或几套装置停车大修，系统、车间或生产储存装置的检维修，装置的维护保养，生产储存装置及设备在不停产状况下的抢修。要充分认识化工企业检维修作业的安全风险。

为了工作安全进行，化工装置进行检维修作业前，根据生产操作、工艺技术和设施设备的特点，组织对检维修作业活动和场所、设施、设备及生产工艺流程进行危险、有害因素识别和风险分析。风险分析应涵盖检维修作业过程、步骤、所使用的工器具，以及检修设备、装置、作业环境、作业人员情况等。根据风险分析的结果采取相应的工程技术、管理、培训教育、个体防护等方面的预防和控制措施，消除或控制检维修作业风险。凡在检维修作业前风险分析不到位、未采取和落实预防与控制措施的，一律不得实施检维修作业。

化工企业检维修作业通常涉及易燃易爆、有毒有害物质，又经常进行动火、进入受限空间、盲板抽堵等危险作业，极易导致火灾、爆炸、中毒、窒息事故的发生。目前，化工企业通常将检维修作业委托外部施工单位承担，客观上增加了安全管理环节，加大了安全管理的难度。

化工装置的所有检维修作业都要预先制定检维修方案，明确检维修项目安全负责人和安全技术措施；对检维修人员、监护人员进行安全培训教育和方案现场交底，使其掌握检维修过程及安全措施。检维修前确保生产装置的工艺处理和设备的隔绝、清洗、置换等安全技术措施满足安全要求，用于检维修的设备、工器具符合国家相关安全规范的要求，检维修现场设立安全警示标志，采取有效安全防护措施，保证消防和行车通道畅通，应急救援器材、劳动保护用品、通信和照明设备等保证完好并满足安全要求。检维修工作过程中，生产装置出现异常情况可能危及人员安全时，立即通知检维修人员停止作业，迅速撤离作业场所，异常情况排除且确认安全后，方可恢复作业；建立质量安全过程管理机制，加强对关键检维修作业的质量控制，防止致命质量缺陷进入试压或生产运行等环节；严格执行交接验收手续，确保检维修后的设备设施安全运行。

2. 化工企业应如何开展设备预防性维修工作?

预防性维修是通过对设备使用情况的综合分析，预测设备未来使用性能情况，在设备出现故障前及时开展维修，使设备始终保持良好的运行状态，可大大避免设备故障造成的损失，同时延长设备的经济寿命。

预防性维修是将设备维修由传统的“事后维修”转变成“预防性维修或预知性维修”。实施预防性维修的技术支撑是开展检测、检查、监测，建立故障模型，对失效或损伤机理进行识别。重点做好以下几个方面工作。

（1）企业应编制设备检维修计划，并按计划开展检维修工作。

（2）对重点检修项目应编制检维修方案，方案内容应包含作业安全分析、安全风险管控措施、应急处置措施及安全验收标准。

（3）检维修过程中涉及特殊作业的，应执行《危险化学品企业特殊作业安全规范》（GB 30871—2022）要求。

（4）安全设施应编入设备检维修计划，定期检维修。安全设施不得随意拆除、挪用或弃置不用，因检维修拆除的，检维修完毕后应立即复原。

（5）关键设备要装备在线监测系统。要定期监（检）测检查关键设备、连续监（检）测检查仪表，及时消除静设备密封件、动设备易损件的安全隐患。定期检查压力管道阀门、螺栓等附件的安全状态，及早发现和消除设备缺陷。

（6）编制动设备操作规程，确保动设备始终具备规定的工况条件。自动监测大机组和重点动设备的转速、振动、位移、温度、压力、腐蚀性介质含量等运行参数，及时评估设备运行状况。加强动设备润滑管理，确保动设备运行可靠。

（7）在风险分析的基础上，确定安全仪表功能（SIF）及其相应的功能安全要求或安全完整性等级（SIL）。要按照《过程工业领域安全仪表系统的功能安全》

（GB/T 21109—2007）和《石油化工安全仪表系统设计规范》（GB/T 50770—2013）的要求，设计、安装、管理和维护安全仪表系统。

思考题

1. 如何落实在重大危险源场所尽量“不动火”或“少动火”？
2. 企业应如何管控重大危险源场所的特殊作业风险？
3. 化工生产装置试生产、开停车注意事项有哪些？
4. 化工企业应如何抓好变更管理？

第十节　安全标志

一、安全警示标志

1. 企业设置安全标志有何作用？安全标志是如何分类的？

安全标志用以表达特定的安全信息，由图形符号、安全色、几何形状（边框）或文字构成。安全标志是规范作业现场、降低现场作业隐患的有力工具之一，正确挂置安全标志也是营造良好的作业现场环境的必备工作。安全标志通过禁止、警告、指令和提示的方式指导工作人员安全作业、规避危险，从而达到避免事故发生的目的。当危险发生时，它能够指示人们尽快逃离，或者指示人们采取正确、有效、得力的措施，对危害加以遏制，从而实现人员伤亡和经济损失最小化的目的。安全标志不仅类型要与所警示的内容相吻合，而且设置位置要正确合理，面对的作业人员要明确，否则难以真正充分发挥其警示作用。

根据《安全标志及其使用导则》（GB 2894—2008）的要求，国家规定了4

类传递安全信息的安全标志，具体内容如下。

（1）禁止标志。禁止标志是禁止人们不安全行为的图形标志。禁止标志的几何图形是带斜杠的圆环，其中圆环与斜杠相连，用红色；图形符号用黑色，背景用白色。禁止标志共有 40 个，如“禁止吸烟”“禁止烟火”“禁止带火种”“禁止用水灭火”“禁止放置易燃物”“禁止堆放”“禁止启动”“禁止合闸”“禁止转动”等。

（2）警告标志。警告标志是提醒人们对周围环境引起注意，以避免可能发生危险的图形标志。警告标志的几何图形是黑色的正三角形，图形符号用黑色，背景用黄色。警告标志共有 39 个，如“注意安全”“当心火灾”“当心爆炸”“当心腐蚀”“当心中毒”“当心感染”“当心触电”“当心电缆”“当心自动启动”“当心机械伤人”“当心塌方”“当心冒顶”“当心坑洞”“当心落物”“当心吊物”等。

（3）指令标志。指令标志是强制人们必须做出某种动作或采用防范措施的图形标志。指令标志的几何图形是圆形，图形符号用白色，背景用蓝色。指令标志共有 16 个，如“必须戴防护眼镜”“必须佩戴遮光护目镜”“必须戴防尘口罩”“必须戴防毒面具”“必须戴护耳器”“必须戴安全帽”“必须戴防护帽”“必须系安全带”“必须穿救生衣”“必须穿防护服”等。

（4）提示标志。提示标志是向人们提供某种信息（如标明安全设施或场所等）的图形标志。提示标志的几何图形是方形，图形符号及文字用白色，背景用绿色。提示标志共有 8 个，如“紧急出口”“避险处”“应急避难场所”“可动火区”“击碎板面”“急救点”“应急电话”“紧急医疗站”。

安全标志图案样例见图 2-2。

2. 化学品作业场所安全警示标志的设置要求有哪些?

企业应按《化学品作业场所安全警示标志规范》（AQ 3047—2013）要求，在构成重大危险源的场所设置该重大危险源可能涉及的危险化学品作业场所安全警示标志。

化学品作业场所安全警示标志以文字和图形符号组合的形式，表示化学品在

图 2-2　安全标志图案样例

工作场所所具有的危险性和安全注意事项。标志要素包括化学品标识、理化特性、危险象形图、警示词、危险性说明、防范说明、防护用品说明、资料参阅提示语以及报警电话等。化学品作业场所安全警示标志设置要求如下。

（1）化学品作业场所安全警示标志应保持与化学品安全技术说明书的信息一致，要不断补充信息资料，若发现新的危险性，及时更新。

（2）标志大小。通常情况下，横版标志的大小不宜小于 80 cm×60 cm，竖版标志的大小不宜小于 60 cm×90 cm。

（3）制作要求。化学品作业场所安全警示标志的制作应清晰、醒目，应在边缘加一个黄黑相间条纹的边框，边框宽度大于或等于 3 mm。采用坚固耐用、不锈蚀的不燃材料制作，有触电危险的作业场所使用绝缘材料，有易燃易爆物质的场所使用防静电材料。

（4）设置位置。在重大危险源场所的出入口、外墙壁或反应容器、管道旁等的醒目位置设置。

（5）设置方式。化学品作业场所安全警示标志设置方式分附着式、悬挂式和柱式 3 种。悬挂式和附着式应稳固不倾斜，柱式应与支架牢固地连接在一起。

（6）设置高度。设置的高度应尽量与人眼的视线高度相一致。悬挂式和柱式的下缘距地面的高度不宜小于 1.5 m。

（7）注意事项。化学品作业场所安全警示标志应设在与安全有关的醒目处，并使进入作业场所的人员看见后，有足够的时间来注意它所表示的内容。化学品作业场所安全警示标志不应设在门、窗、架等可移动的物体上。标志前不得放置妨碍认读的障碍物。标志的平面与视线夹角应接近90°，观察者位于最大观察距离时，最小夹角不低于75°。

3. 工业管道标识的设置要求有哪些?

企业应该按《工业管道的基本识别色、识别符号和安全标识》（GB 7231—2003）的要求设置重大危险源场所工业管道标识。

（1）设置管道基本识别色。

1）企业应根据重大危险源管道内物质的一般性能，分为8类（水、水蒸气、空气、气体、酸或碱、可燃液体、其他液体、氧），分别设置8种基本识别色（分别对应为艳绿、大红、淡灰、中黄、紫、棕、黑、淡蓝）。

2）管道基本识别色标识方法。企业可从如下5种方法中选择工业管道的基本识别色标识方法：

①管道全长上标识；

②在管道上以宽为150 mm的色环标识；

③在管道上以长方形的识别色标牌标识；

④在管道上以带箭头的长方形识别色标牌标识；

⑤在管道上以系挂的识别色标牌标识。

（2）设置工业管道识别符号。工业管道的识别符号由物质名称、流向和主要工艺参数等组成。

（3）设置工业管道危险标识。工业管道内的物质凡属于《化学品分类和危险性公示　通则》（GB 13690—2009）所列的危险化学品，其管道应设置危险标识。

1）危险标识表示方法：在管道上涂150 mm宽黄色，在黄色两侧各涂25 mm宽黑色的色环或色带，安全色范围应符合《安全色》（GB 2893—2008）的规定。

2）危险标识表示场所：在基本识别色的标识上或附近。

（4）设置消防标识。企业重大危险源消防专用管道应遵守《消防安全标志　第1部分：标志》（GB 13495.1—2015）的规定，并在管道上标识“消防专用”识别符号。

4. 职业病危害警示标识的设置要求有哪些?

企业应按《工作场所职业病危害警示标识》（GBZ 158—2003）的要求，设置职业病危害警示标识。

（1）设置警示线。警示线是界定和分隔危险区域的标识线，分为红色、黄色和绿色 3 种。按照需要，警示线可喷涂在地面或制成色带设置。在高毒物品重大危险源场所，应设置红色警示线。在一般有毒物品重大危险源场所，设置黄色警示线。警示线设在重大危险源场所外缘不小于 30 cm 处。

（2）设置警示语句。警示语句是一组表示禁止、警告、指令、提示或描述工作场所职业病危害的词语。警示语句可单独使用，也可与图形标识组合使用。

（3）设置有毒物品作业岗位职业病危害告知卡。告知卡是针对某一职业病危害因素，告知劳动者危害后果及其防护措施的提示卡。企业应根据实际需要，在重大危险源的醒目位置设置由各类图形标识和文字组合成的有毒物品作业岗位职业病危害告知卡。依据《高毒物品目录》，在使用高毒物品作业岗位醒目位置设置告知卡。

5. 重大危险源场所应设置哪些安全警示标志?

重大危险源作为企业的一些特殊的单元，除了和企业的其他生产和储存单元一样设置各类安全警示标识外，还应按有关规定设置特有安全警示标志。

（1）按《危险化学品重大危险源监督管理暂行规定》的要求，在重大危险源场所设置明显的安全警示标志，写明紧急情况下的应急处置办法。企业应结合自身实际情况，在相关管理制度中明确符合要求的安全警示标志的内容，应至少包括：重大危险源名称、种类（生产单元、储存单元）；重大危险源涉及的主要危险化学品名称、临界量、实际储存量；重大危险源等级；重大危险源潜在的主要的风险及应急处置办法；重大危险源应急联络方式等。

（2）按《安全标志及其使用导则》（GB 2894—2008）的要求，在重大危险源场所设置禁止、警告、指令、提示等类别的安全标志。

（3）按《工业管道的基本识别色、识别符号和安全标识》（GB 7231—2003）的要求，在涉及重大危险源的工业管道设置标识。

（4）按《工作场所职业病危害警示标识》（GBZ 158—2003）的要求，在构成重大危险源的工作场所设置职业病危害警示标识。

（5）按《化学品作业场所安全警示标志规范》（AQ 3047—2013）的要求，在构成重大危险源的场所设置化学品作业场所安全警示标志，表示该重大危险源可能涉及的危险化学品在工作场所所具有的危险性和安全注意事项。

6. 重大危险源安全标志的设置要求有哪些?

企业应按《安全标志及其使用导则》（GB 2894—2008）的要求，在构成重大危险源的场所设置相关类别的安全标志。安全标志牌的设置要求如下。

（1）安全标志牌的衬边。安全标志牌要有衬边。除警告标志边框用黄色勾边外，其余全部用白色将边框勾一窄边，即为安全标志的衬边，衬边宽度为标志边长或直径的 0.025 倍。

（2）标志牌的材质。安全标志牌应采用坚固耐用的材料制作，一般不宜使用遇水变形、变质或易燃的材料。有触电危险的作业场所应使用绝缘材料。

（3）标志牌表面质量。标志牌应图形清楚，无毛刺、孔洞和影响使用的任何疵病。

（4）无论厂区或车间内，所设标志牌其观察距离不能覆盖全厂或全车间面积时，应多设几个标志牌。

（5）标志牌的设置高度。标志牌设置的高度，应尽量与人眼的视线高度相一致。悬挂式和柱式的环境信息标志牌的下缘距地面的高度不宜小于 2 m；局部信息标志的设置高度应视具体情况确定。

7. 安全标志牌的使用要求有哪些?

企业应按《安全标志及其使用导则》（GB 2894—2008）的要求使用安全标志牌。

（1）标志牌应设在与安全有关的醒目地方，并使大家看见后，有足够的时间来注意它所表示的内容。环境信息标志宜设在有关场所的入口处和醒目处；局部信息标志应设在所涉及的相应危险地点或设备（部件）附近的醒目处。

（2）标志牌不应设在门、窗、架等可移动的物体上，以免标志牌随母体物体相应移动，影响认读。标志牌前不得放置妨碍认读的障碍物。

（3）标志牌的平面与视线夹角应接近 90°，观察者位于最大观察距离时，最小夹角不低于 75°。

（4）标志牌应设置在明亮的环境中。

（5）多个标志牌在一起设置时，应按警告、禁止、指令、提示类型的顺序，先左后右、先上后下地排列。

（6）标志牌的固定方式分附着式、悬挂式和柱式 3 种。悬挂式和附着式的固定应稳固不倾斜，柱式的标志牌和支架应牢固地连接在一起。

（7）安全标志牌至少每半年检查一次，如发现有破损、变形、褪色等不符合要求时应及时修整或更换。

二、安全包保公示牌

企业应该如何设置重大危险源安全包保公示牌？

根据《危险化学品企业重大危险源安全包保责任制办法（试行）》，危险化学品企业应当在重大危险源安全警示标志位置设立公示牌，公示牌内容主要包括重大危险源编号，重大危险源级别，构成重大危险源的危险化学品名称及数量，重大危险源的主要负责人、技术负责人、操作负责人姓名，对应的安全包保职责及联系方式，接受员工监督。企业可在重大危险源出入口外侧醒目位置设置符合要求的重大危险源安全包保公示牌。

思考题

1. 企业应在哪些场所设置安全警示标志？
2. 重大危险源安全包保公示牌内容有哪些？

第三章
重大危险源事故应急管理

第一节　重大危险源预案管理

一、应急预案管理

1. 什么是生产经营单位应急预案？包括哪些内容？

生产经营单位应急预案是指生产经营单位针对可能发生的事故，为最大程度减少事故损害而预先制定的应急准备工作方案。

生产经营单位应急预案分为综合应急预案、专项应急预案和现场处置方案。

综合应急预案是指生产经营单位为应对各种生产安全事故而制定的综合性工作方案，是本单位应对生产安全事故的总体工作程序、措施和应急预案体系的总纲。

专项应急预案是指生产经营单位为应对某一种或者多种类型生产安全事故，或者针对重要生产设施、重大危险源、重大活动防止生产安全事故而制定的专项性工作方案。

现场处置方案是指生产经营单位根据不同生产安全事故类型，针对具体场所、装置或者设施所制定的应急处置措施。

2. 应急预案的作用是什么？

（1）应急预案确定了应急救援的范围和体系，使应急管理不再无据可依、无章可循。尤其是通过培训和演习，可以使应急人员熟悉自己的任务，具备完成指定任务所需的相应能力，并检验预案和行动程序，评估应急人员的整体协调性。

（2）应急预案有利于做出及时的应急响应，降低事故后果。应急预案预先明确了应急各方的职责和响应程序，在应急资源等方面进行了先期准备，可以指导应急救援迅速、高效、有序地开展，将事故的人员伤亡、财产损失和环境破坏降到最低限度。

（3）应急预案是各类突发重大事故的应急基础。通过编制应急预案，可以对那些事先无法预料到的突发事故起到基本的应急指导作用。在此基础上，可以针对特定事故类别编制专项应急预案，并有针对性地开展专项应急准备活动。

（4）应急预案建立了与上级单位和部门应急救援体系的衔接。通过编制应急预案，可以确保当发生超过本级应急能力的重大事故时与有关应急机构的联系和协调。

（5）应急预案有利于提高风险防范意识。应急预案的编制、评审、发布、宣传、教育和培训，有利于各方了解可能面临的重大事故及其相应的应急措施，有利于促进各方提高风险防范意识和能力。

3. 应急预案的编制原则和要求是什么?

根据《生产经营单位生产安全事故应急预案编制导则》（GB/T 29639—2020）要求，应急预案的编制应当遵循以人为本、依法依规、符合实际、注重实效的原则，以应急处置为核心，体现自救互救和先期处置的特点，做到职责明确、程序规范、措施科学，尽可能简明化、图表化、流程化。

应急预案的编制应明确应急职责、规范应急程序、细化保障措施，应当符合下列基本要求：

（1）符合有关法律、法规、规章和标准的规定；

（2）结合本地区、本部门、本单位的安全生产实际情况；

（3）充分考虑了本地区、本部门、本单位的危险性分析情况；

（4）充分考虑了历次应急演练的结果；

（5）充分考虑了以往事件与事故的原因分析；

（6）借鉴了行业内的良好作业实践，考虑了其他地区、其他公司出现过的事故；

（7）应急组织和人员的职责分工明确，并有具体的落实措施；

（8）有明确、具体的应急程序和处置措施，并与其应急能力相适应；

（9）有明确的应急保障措施，满足本地区、本部门、本单位的应急工作需要；

（10）应急预案基本要素齐全、完整，应急预案附件提供的信息准确；

（11）应急预案内容与相关应急预案相互衔接；

（12）预案中应包含应急准备、应急响应、应急恢复与事故调查各个阶段的信息沟通与公众信息通报内容。

4. 应急预案的编制步骤是什么？

（1）调查研究。在制定预案之前，需对预案所涉及的区域进行全面调查。调查内容主要包括：危险化学品的种类、数量、分布状况；当地的气象、地理、环境和人口分布特点；社会公用设施、救援能力、资源现状等。

（2）危险源评估。在制定预案之前，应组织有关领导和专业人员对化学危险源进行科学评估，以确定危险源目标，探讨救援对策，为制定预案提供科学依据。

（3）分析总结。对调查得来的各种资料，组织专人进行分类汇总，做好调查分析和总结，为制定预案做好准备。

（4）编制预案。视救援目标的种类和危险度，结合本企业的救援能力，编制相应的应急救援预案。

（5）科学评估。编制的预案需组织专家评审，并经修改完善后，报企业领导审定。

（6）审核实施。预案经企业领导审校批准后，正式颁布实施。

5. 应急预案编制工作包括哪些内容？

（1）依据事故风险评估及应急资源调查结果，结合本单位组织管理体系、生产规模及处置特点，合理确立本单位应急预案体系。

（2）结合组织管理体系及部门业务职能划分，科学设定本单位应急组织机构及职责分工。

（3）依据事故可能的危害程度和区域范围，结合应急处置权限及能力，清晰界定本单位的响应分级标准，制定相应层级的应急处置措施。

（4）按照有关规定和要求，确定事故信息报告、响应分级与启动、指挥权移交、警戒疏散方面的内容，落实与相关部门和单位应急预案的衔接。

6. 企业如何开展应急预案的评审、公布和备案工作？

应急预案编制完成后，应进行评审。评审由本单位主要负责人组织有关部门和人员进行。外部评审由上级主管部门或地方政府负责安全管理的部门组织审查。评审后，按规定报有关部门备案，并经生产经营单位主要负责人签署发布。

7. 应急预案在什么情况下应当及时修订？

根据《生产安全事故应急预案管理办法》第三十六条要求，有下列情形之一的，应急预案应当及时修订并归档：

（1）依据的法律、法规、规章、标准及上位预案中的有关规定发生重大变化的；

（2）应急指挥机构及其职责发生调整的；

（3）安全生产面临的风险发生重大变化的；

（4）重要应急资源发生重大变化的；

（5）在应急演练和事故应急救援中发现需要修订预案的重大问题的；

（6）编制单位认为应当修订的其他情况。

二、应急演练

1. 生产安全事故应急演练的目的是什么？

根据《生产安全事故应急演练基本规范》规定，应急演练的目的在于验证预案的可行性、符合实际情况程度，具体目的如下。

（1）检验预案。发现应急预案中存在的问题，提高应急预案的针对性、实用性和可操作性。

（2）完善准备。完善应急管理标准制度，改进应急处置技术，补充应急装备和物资，提高应急能力。

（3）磨合机制。完善应急管理部门、相关单位和人员的工作职责，提高协调配合能力。

（4）宣传教育。普及应急管理知识，提高参演和观摩人员风险防范意识和自救互救能力。

（5）锻炼队伍。熟悉应急预案，提高应急人员在紧急情况下妥善处置事故的能力。

通过演练可以发现预案中存在的问题，为修正预案提供实际资料。尤其是通过演习后的讲评、总结，可以暴露预案中未曾考虑到的问题和找出改正的建议，是提高预案质量重要的步骤。

2. 应急演练的基本要求和内容是什么？

重大危险源主要负责人负责演练计划、演练总结的审批，并监督实施。应急救援预案演练基本要求和内容如下。

（1）基本要求。根据《危险化学品重大危险源监督管理暂行规定》，危险化学品单位应当制定重大危险源事故应急预案演练计划，并按照下列要求进行事故应急预案演练：

1）对重大危险源专项应急预案，每年至少进行一次；

2）对重大危险源现场处置方案，每半年至少进行一次。

应急预案演练结束后，危险化学品单位应当对应急预案演练效果进行评估，撰写应急预案演练评估报告，分析存在的问题，对应急预案提出修订意见，并及时修订完善。

应急演练是一项复杂的系统工程，为了使演练达到预期整体的效果，演练的计划必须细致周密，要把各级应急救援力量和应该配备的器材组成统一的整体。

（2）基本内容。应急演练基本内容是根据演练的任务要求和规模而定，一般应考虑的内容是：各演练活动时间顺序合乎逻辑性；各演练单位相互支援、配合及协调程度；系统运行情况；厂内应急情景；急救与医疗；厂内洗消；染毒空气监测与化验；事故区清点人数及人员控制；防护指导，通信及报警信号联络；各种标志布设；交通控制及交通道口的管理；治安工作；演练资料汇总；演练总结。

3. 应急演练的类型有哪些？

应急演练按演练的形式分为桌面演练和实战演练。

（1）桌面演练。桌面演练是由应急组织的代表或关键岗位人员参加，按照应急预案及其标准工作程序讨论紧急情况时应采取行动的演练活动。桌面演练的特点是对演练情景进行口头演练，一般是在会议室内举行。其主要目的是锻炼参演人员解决问题的能力，以及解决应急组织相互协作和职责划分的问题。

桌面演练一般仅限于有限的应急响应和内部协调活动，应急人员主要来自本地应急组织，事后一般采取口头评论形式收集参演人员的建议，并提交一份简短的书面报告，总结演练活动和提出有关改进应急响应工作的建议。桌面演练方法成本较低，主要为实战演练做准备。

（2）实战演练。实战演练是指针对某项应急响应功能或其中某些应急响应行动举行的演练活动，主要目的是针对应急响应功能，检验应急人员以及应急体系的策划和响应能力。例如，指挥和控制功能的演练，其目的是检测、评价多个政府部门在紧急状态下实现集权式的运行和响应力，演练地点主要集中在若干个应急指挥中心或现场指挥部，并开展有限的现场活动，调用有限的外部资源。

实战演练比桌面演练规模要大，需动员更多的应急人员和机构，因而协调工作的难度也随着更多组织的参与而加大。演练完成后，除采取口头评论形式外，还应向地方提交有关演练活动的书面汇报，提出改进建议。

4. 应急演练工作原则是什么？

（1）符合相关规定。按照国家相关法律、法规、标准及有关规定组织开展演练。

（2）依据预案演练。结合生产面临的风险及事故特点，依据应急预案组织开展演练。

（3）注重能力提高。突出以提高指挥协调能力、应急处置能力和应急准备能力组织开展演练。

（4）确保安全有序。在保证参演人员、设备设施及演练场所安全的条件下组织开展演练。

5. 应急演练的工作程序有哪些？

（1）全体演练单位及观摩人员集中到指定区域待命。

（2）发生化学品应急事故，向应急指挥部报告。

（3）应急指挥部下达启动相应的应急预案指令。

（4）交通治安管理组进行交通管制，设置警戒区域，除应急抢险人员和车辆外，其他人员和车辆不得进入该危险区域，对灾区实施治安巡逻，保证灾区安全。

（5）应急抢险组发出警报信息，紧急通知危险区域的员工按原定的路线有序安全转移，组织应急小分队火速赶往灾区，按照原定的编制序列目标任务快速赶到事故区域实施抢救，迅速组织事故区域人员和物资快速有序安全撤离到各安置点。

（6）事故调查监测组继续跟踪监测事故情况，有情况及时报告。

（7）医疗卫生组组织医疗卫生紧急抢救队伍进入事故区域，进行伤病员的抢救及转移工作。

（8）后勤物资保障组负责转移到各临时安置点的灾民安置工作，确保救灾抢险指挥的通信与网络的畅通。

（9）做好撤离、应急抢救、交通治安、后勤保障、医疗卫生和事故调查监测等应急演练的各项记录。

（10）由应急总指挥宣布演练结束。

6. 应急演练计划应如何制订？

企业主要负责人负责应急演练计划的组织制订，并监督实施。

（1）需求分析。全面分析和评估应急预案、应急职责、应急处置工作流程和指挥调度程序、应急技能和应急装备、物资的实际情况，提出需通过应急演练解决的内容，有针对性地确定应急演练目标，提出应急演练的初步内容和主要科目。

（2）明确任务。确定应急演练的事故情景类型、等级、发生地域演练方式，参演单位应急演练各阶段主要任务，应急演练实施的拟定日期。

（3）制订计划。根据需求分析及任务安排组织人员编制演练计划文本。

7. 应急演练准备内容有哪些？

根据《生产安全事故应急演练基本规范》的要求，应急演练准备内容有以下几个方面。

（1）成立演练组织机构。综合演练通常应成立演练领导小组，负责演练活动筹备和实施过程中的组织领导工作，负责审定演练工作方案、演练工作经费、演练评估总结以及其他需要决定的重要事项。演练领导小组下设策划与导调组、宣传组、保障组、评估组。根据演练规模大小，其组织机构可进行调整。

（2）编制文件。主要编写工作方案、演练脚本、评估方案、观摩方案、观摩手册、宣传方案等。

（3）做好演练工作保障。包括人员、经费、物资、安全、通信保障等相关事项。

8. 应急演练评估方案的内容有哪些？

（1）演练信息。目的和目标情景描述，应急行动与应对措施简介。

（2）评估内容。各种准备、组织与实施、效果。

（3）评估标准。各环节应达到的目标评判标准。

（4）评估程序。主要步骤及任务分工。

（5）附件。所需要用到的相关表格。

9. 应急演练工作总结报告内容有哪些？

应急演练结束后，演练组织单位应根据演练记录、演练评估报告、应急预案现场总结材料，对演练进行全面总结并形成演练书面总结报告。报告可对应急演练准备、策划工作进行简要总结分析。主要负责人对演练总结报告进行审批，监督演练存在问题整改措施的落实。应急演练工作总结报告的主要内容如下。

（1）演练基本概要。演练的组织及承办单位、演练形式、演练模拟的事故名称、发生的时间和地点、事故过程的情景描述、主要应急行动等。

（2）演练评估过程。演练评估工作的组织实施过程和主要工作安排。

（3）演练情况分析。依据演练评估表格的评估结果，从演练的准备及组织实施情况、参演人员表现等方面，具体分析好的做法和存在的问题以及演练目标的实现、演练成本效益分析等。

（4）改进的意见和建议。对演练评估中发现的问题提出整改的意见和建议。

（5）评估结论。对演练组织实施情况进行综合评价，并给出优（无差错地完成了所有应急演练内容）、良（达到了预期的演练目标，差错较少）、中（存在明显缺陷，但没有影响实现预期的演练目标）、差（出现了重大错误，演练预期目标受到严重影响，演练被迫中止，造成应急行动延误或资源浪费）等评估结论。

应急演练活动结束后，演练组织单位应将应急演练工作方案、应急演练书面评估报告、应急演练总结报告等文字资料以及记录演练实施过程的相关图片、视频、音频资料归档保存。

思考题

1. 重大危险源主要负责人如何组织编制应急救援预案？
2. 重大危险源主要负责人在应急演练工作中如何发挥作用？

第二节　重大危险源事故应急响应、授权与处置

一、应急响应

1. 事故应急救援的原则和任务是什么？

（1）事故应急救援的原则。事故应急救援应贯彻的基本原则是预防为主、统一协调、迅速有效，即预防为主的情况下，实行统一指挥、分级负责、区域为

主、单位自救和社会救援相结合。由于重大危险源事故发生的突然性，发生后的迅速扩散性以及波及范围广、危害性大的特点，决定了应急救援行动必须迅速、准确、有序和有效。因此，救援工作实行在企业主要负责人统一指挥下的分级负责制，以区域为主，根据事故的发展情况，采取单位自救与社会救援相结合的方式，能够充分发挥事故单位及所在地区的优势和作用。

（2）事故应急救援的基本任务。

1）抢救受害人员。抢救受害人员是事故应急救援的重要任务。在救援行动中，及时、有序、科学地实施现场抢救和安全转送伤员对挽救受害人的生命、稳定病情、减少伤残率以及减轻受害人的痛苦等具有重要的意义。

2）控制危险源。及时有效地控制造成事故的危险源是事故应急救援的重要任务，只有控制了危险源，防止事故的进一步扩大和发展，才能及时有效地实施救援行动。特别是发生在重大危险源区域的化学品泄漏事故时，应尽快组织工程抢险队与事故单位技术人员一起及时控制事故的继续扩展。

3）指导群众防护，组织群众撤离。由于重大危险源事故发生的突然性，发生后的迅速扩散性以及波及范围广、危害性大的特点，应及时指导和组织群众采取各种措施进行自身防护，并迅速撤离危险区域或可能发生危险的区域。在撤离过程中积极开展群众自救与互救工作。

4）消除事故危害后果。对事故造成的对人体、土壤、水源、空气等的现实的危害和可能的危害，应迅速采取封闭、隔离、洗消等措施；对事故外溢的有毒有害物质和可能对人及环境继续造成危害的物质，应及时组织人员进行清除；对危险化学品造成的危害进行监测与监控，并采取适当的措施直至符合国家环境保护标准。

5）查清事故原因，评估危害程度。事故发生后应及时调查事故的发生原因和事故性质，估算出事故的危害波及范围和危险程度，查明人员伤亡情况，做好事故调查。

为了保证事故应急救援任务的完成，化工企业应建立本单位的救援组织机构，明确救援执行部门和专用电话、制定救援协作网、疏通纵横关系，以提高应急救援行动中协同作战的效能，便于做好事故自救。

2. 事故应急响应程序包括哪些内容？

企业主要负责人在事故发生后，按照发生事故等级要求进行信息报告、预警及响应启动等相关工作。响应程序包括以下内容。

（1）信息报告。

1）信息接报。明确应急值守电话，事故信息接收、内部通报的程序、方式和责任人，向上级主管部门、上级单位报告事故信息的流程、内容、时限和责任人，以及向本单位以外的有关部门或单位通报事故信息的方法、程序和责任人。

2）信息处置与研判。明确响应启动的程序和方式。根据事故性质、严重程度、影响范围和可控性，结合响应分级明确的条件，可由应急领导小组作出响应启动的决策并宣布，或者依据事故信息是否达到响应启动的条件自动启动。若未达到响应启动条件，应急领导小组可作出预警启动的决策，做好响应准备，实时跟踪事态发展。响应启动后，应注意跟踪事态发展，科学分析处置需求，及时调整响应级别，避免响应不足或过度响应。

（2）预警。

1）预警启动。明确预警信息发布渠道、方式和内容。

2）响应准备。明确作出预警启动后应开展的响应准备工作，包括队伍、物资、装备、后勤及通信。

3）预警解除。明确预警解除的基本条件、要求及责任人。

（3）响应启动。确定响应级别，明确响应启动后的程序性工作，包括应急会议召开、信息上报、资源协调、信息公开、后勤及财力保障工作。根据预警分析确定响应级别，应急响应过程包括报警、接警、警情判断、应急启动、救援行动、资源调配、事态控制、应急结束、应急恢复等。

（4）应急处置。明确事故现场的警戒疏散、人员搜救、医疗救治、现场监测、技术支持、工程抢险及环境保护方面的应急处置措施，并明确人员防护的要求。应急处置应以“救人第一，救物第二”“防止扩散第一，减少损失第二”“先控制，后处理”为原则，避免生产装置、储罐、管道破裂，造成事故进一步扩大。

（5）应急支援。明确当事态无法控制情况下，向外部（救援）力量请求支援的程序及要求、联动程序及要求，以及外部（救援）力量到达后的指挥关系。外部（救援）力量到达，企业主要负责人安排专人对外部（救援）力量进行路线指引，向外部（救援）力量汇报事故概况、现场救援等情况，并移交指挥权。

（6）响应终止。明确响应终止的基本条件、要求和责任人。

应急终止条件包括以下内容：事故发生的条件已经消除；损坏设备设施已和系统断开；无次生、衍生灾害发生的可能；确认现场人员全部撤离现场；事故现场清理完毕。

3. 发生生产安全事故后，企业应及时采取哪些应急响应措施？

发生生产安全事故后，企业主要负责人应当根据确定的响应级别，采取信息报告、预警等相关工作，采取以下应急响应措施。

（1）迅速控制危险源，组织抢救遇险人员。

（2）根据事故危害程度，组织现场人员撤离或者采取可能的应急措施后撤离。

（3）及时通知可能受到事故影响的单位和人员。

（4）采取必要措施，防止事故危害扩大和次生、衍生灾害发生。

（5）根据需要请求邻近的应急救援队伍参加救援，并向参加救援的应急救援队伍提供相关技术资料、信息和处置方法。

（6）维护事故现场秩序，保护事故现场和相关证据。

二、应急授权

异常工况处理授权决策机制建立的目的是什么？

当化工生产过程中出现可能危及人身安全的异常工况时，第一时间发现问题的往往是现场作业人员。有的异常工况处理非常紧急，容不得现场作业人员请示上级领导，逐级许可，时间的拖延可能会导致情况变得更加复杂严峻。为避免这一情况出现，《危险化学品企业安全风险隐患排查治理导则》要求企业主要负责人应组织建立一套应急处理机制，并授权相关人员在出现某些异常工况时，可以立即采取决断措施实施停车并紧急撤离。

《中华人民共和国安全生产法》第五十二条明确规定，从业人员发现直接危及人身安全的紧急情况时，有权停止作业或者在采取可能的应急措施后撤离作业场所。生产经营单位不得因从业人员在紧急情况下停止作业或者采取紧急撤离措施而降低其工资、福利等待遇或者解除与其订立的劳动合同。此条要求一方面是对既有法律条文的细化落实，另一方面也是对事故教训的吸取。河南三门峡义马气化厂“7·19”爆燃事故暴露出企业异常工况下的处置决策机制存在偏差，最终酿成重大事故。

危险化学品企业应对此给予足够重视，尤其是机构设置相对复杂的中央企业或大集团、大公司，此种现象存在机会较多。应避免在紧急状态下层层汇报、层层审批，错过最佳处理时机。需要注意的是，异常工况处理授权机制的建立，应在充分分析论证企业各装置、各部位可能发生的风险及后果评估、紧急处置后造成的影响范围的基础上实施，明确风险等级和授权范围。机制内容可以体现在企业的应急预案中，也可以单独制定管理规定。

重大危险源一旦发生事故，应急处置不及时会造成事故后果扩大。因此，重大危险源主要负责人应高度重视建立应急授权机制的必要性，结合所包保的重大危险源可能出现的险情类型和后果严重性，建立不同应急情景下合理可行、有效的应急授权机制。

三、应急处置

1. 应急处置的基本原则是什么?

开展危险化学品事故应急救援处置工作时，需要充分考量化学品的实际应用情况，基于基本处置原则展开工作。

（1）危险化学品本身的事故危险性较高，实际处置工作需要秉持着生命第一的原则，避免人员伤亡。具体来讲，当出现危险化学品泄漏情况时，需要考量现场人员，无论是实际受到侵害的人员，还是消防救援人员，都应当将生命安全摆在首要位置，在应急救援的同时，避免人员伤害。一些危险化学品事故难以在第一时间解决，就不能派遣救援人员到达现场进行处置工作，避免救援人员受到伤害。如果现场有生命迹象，需要及时进行危险化学品事故处置工作，将生命放在首要位置，开启绿色通道。

（2）危险化学品应急救援，应尽可能地降低危险化学品对救援现场环境的影响。化学品本身具有一定的危险性，出现泄漏事故时，会对现场环境造成诸多不良影响，为切实避免危险化学品的危害范围不断扩大，甚至造成次生伤害，应当做好预防处置工作，有效控制危险化学品危害范围。

（3）合理把控事故现场，避免出现救援现场一团糟的情况。危险化学品处置危险性高，在实际处置工作中，需要工作人员结合处置现场实际情况，灵活制定处置方案、协调分工，各个部门都能够更加高效地展开工作，从而高效率地展开危险化学品应急救援处置工作。

2. 事故现场处置包括哪些内容?

在发生泄漏、火灾、爆炸和环境污染等化工事故的现场，正确、及时、有效地实施应急抢险和救援工作，是控制事故、减少损失的关键。现场应急处置工作内容包括以下几个方面。

（1）设立警戒区域。事故发生后，应根据化学品泄漏扩散的情况或火焰热辐射所涉及的范围建立警戒区，并在通往事故现场的主要干道上实行交通管理。建立警戒区域时应注意以下几项。

1）警戒区域的边界应设警示标志，并有专人进行警戒。

2）除消防、应急处置人员以及必须坚守岗位的人员外，其他人员禁止进入警戒区。

3）泄漏溢出的化学品为易燃品时，区域内应严禁火种。

（2）紧急疏散。迅速将警戒区及污染区内与事故应急处置无关的人员撤离，以减少不必要的人员伤亡。紧急疏散时应注意以下几项。

1）如事故物质有毒时，需要佩戴个体防护用品或采用简易有效的防护措施，并有相应的监护措施。

2）应向上风向或侧上风向转移，明确专人引导和护送疏散人员到安全区，并在疏散或撤离的路线上设立哨位，指明方向。

3）不要在低洼处滞留。

4）要查清是否有人留在污染区和着火区。

（3）根据事故物质的毒性及划定的危险区域，确定相应的防护等级，并根据防护等级按标准配备相应的防护器具。

（4）询情和侦检处置。

1）询问遇险人员情况，容器储量、泄漏量、泄漏时间、部位、形式、扩散范围、周边单位、居民、地形、电源、火源等情况，消防设施、工艺措施、到场人员处置意见。

2）使用检测仪器测定泄漏物质、浓度、扩散范围。

3）确认设施、建（构）筑物险情及可能引发爆炸燃烧的各种危险源，确认消防设施运行情况。

3. 事故现场处置的对策是什么？

（1）火灾爆炸事故处置。

1）扑灭现场明火应坚持先控制后扑灭的原则。依危险化学品性质、火灾大小采用冷却、堵截、突破、夹攻、合击、分割、围歼、破拆、封堵、排烟等方法进行控制与灭火。

2）根据危险化学品特性，选用正确的灭火剂。禁止用水、泡沫等含水灭火剂扑救遇湿易燃物品、自燃物品火灾；禁用直流水冲击扑灭粉末状、易沸溅危险化学品火灾；禁用沙土盖压扑灭爆炸品火灾；宜使用低压水流或雾状水扑灭腐蚀品火灾，避免腐蚀品溅出；禁止对液态轻烃强行灭火。

3）有关生产部门监控装置工艺变化情况，做好应急状态下生产方案的调整和相关装置的生产平衡，优先保证应急救援所需的水、电、气、交通运输车辆和工程机械。

4）根据现场情况和预案要求，及时决定有关设备、装置、单元或系统紧急停车，避免事故扩大。

（2）泄漏事故处置。

1）控制泄漏源。

①在生产过程中发生泄漏，事故单位应根据生产和事故情况，及时采取控制措施，防止事故扩大。采取停车、局部打循环、改走副线或降压堵漏等措施。

②在其他储存、使用等过程中发生泄漏，应根据事故情况，采取转料、套装、堵漏等控制措施。

2）控制泄漏物。

①泄漏物控制应与泄漏源控制同时进行。

②对气体泄漏物可采取喷雾状水、释放惰性气体、加入中和剂等措施，降低泄漏物的浓度或燃爆危害。喷水稀释时，应筑堤收容产生的废水，防止水体污染。

③对液体泄漏物可采取容器盛装、吸附、筑堤、挖坑、泵吸等措施进行收集、阻挡或转移。若液体具有挥发性及可燃性，可用适当的泡沫覆盖泄漏液体。

（3）中毒窒息事故处置。

1）立即将中毒者转移至上风向或侧上风向空气无污染区域，并进行紧急救治。

2）经现场紧急救治，伤势严重者立即送医院观察治病。

（4）其他处置要求。

1）现场指挥人员发现危及人身生命安全的紧急情况，应迅速发出紧急撤离信号。

2）若因火灾爆炸引发泄漏中毒事故，或因泄漏引发火灾爆炸事故，应统筹考虑优先采取保障人员生命安全、防止灾害扩大的救援措施。

3）维护现场救援秩序，防止救援过程中发生车辆碰撞、车辆伤害、物体打击、高处坠落等事故。

思考题

1. 重大危险源主要负责人在应急处置工作中如何发挥作用?

2. 对不同的重大危险源事故情景，企业应如何有针对性地开展应急处置?

3. 重大危险源主要负责人如何做好事故应急授权?

第三节 事故事件管理

一、事故事件分类

1. 为什么要开展事故事件管理?

事故事件管理的主要目的是查清原因，吸取教训，避免再次发生同类事故。企业安全管理过程中，应形成鼓励员工报告各类事故事件的企业文化。企业应制定未遂事故事件管理程序，鼓励员工报告未遂事故事件，组织对未遂事故事件进行调查、分析，找出事故根源，预防事故发生。开展事故事件管理的作用包括以下几点。

（1）通过事故事件管理，可以使员工受到深刻的安全教育，吸取教训，提高遵纪守法和按章操作的自觉性，提高管理人员对安全生产重要性的认识，明确自己应负的责任，提高安全管理水平。

（2）根据事故事件的调查研究、统计报告和数据分析，从中掌握事故事件的发生因素和情况、原因和规律，针对生产工作中的薄弱环节采取对策，防止类似事故事件重复发生，并为制定事故应急救援预案提供经验。

（3）通过事故事件的调查研究和统计分析，可以反映一个企业、一个系统或一个地区的安全生产水平，找到与同类企业、系统或地区的差距。

（4）通过事故事件的调查研究和统计分析，可以为国家和领导机构及时、准确、全面地掌握某地区或某系统安全生产状况，发现问题并做出正确决策，有利于监察、监督和管理部门开展工作。

2. 什么是事故？什么是生产安全事故？事故发生具有什么特点？

（1）事故是人（个人或集体）在实现某种意图而进行的活动过程中，突然发生的、违反人的意志的、迫使活动暂时或永久停止的事件。事故有 2 方面的特征：一方面它是意外发生的（不是计划的也不是人为预期的）；另一方面是导致了负面结果，产生了一定的后果。这些后果通常包括人员伤亡、财产损失、环境破坏或生产中断等。事故是一类特殊的事件，所以事故属于事件的范畴。

（2）生产安全事故是指生产经营单位在生产经营活动（包括与生产经营有关的活动）中突然发生的，伤害人身安全和健康，或者损坏设备设施，或者造成经济损失的，导致原生产经营活动（包括与生产经营有关的活动）暂时中止或永远终止的意外事件。

（3）事故发生存在一个孕育、发展、发生、伤害（损失）的过程，具有因果性、偶然性、必然性、潜伏期、突发性的特点。

因果性：导致事故的原因在系统中相互作用、相互影响，在一定条件下发生突变，即酿成事故。

偶然性：事故发生的时间、地点、形式、规模和事故后果的严重程度是不确定的。

必然性：危险客观存在，生产、生活过程必然会发生事故，采取措施预防事故，只能延长发生事故的时间间隔、概率，而不能杜绝事故。

潜伏期：事故发生之前存在一个量变过程，一个系统很长时间没有发生事故，并不意味着系统是安全的。

突发性：事故一旦发生，往往十分突然，令人措手不及。

引发事故的 4 个基本要素是人的不安全行为、物的不安全状态、环境的不安全条件及管理的缺陷。根据统计，在伤亡事故中因不可抗拒的自然灾害或目前技术还不能解决的原因而造成的事故极少，绝大多数属于责任事故。生产企业的事故中，90%以上的事故发生在基层班组，90%以上的事故是由于人的不安全行为和设备隐患没能及时被发现、消除等因素造成的。安全技术系统可靠性和人的可靠性不足是事故发生的深层次原因，所以进行危险源辨识、评价、控制是全员、全过程、全方位实施安全管理的重要科学手段。

3. 事故致因理论的原理是什么？具有代表性的事故致因理论有哪些？

事故致因理论是从大量典型事故的根本原因分析中所提炼出的事故机理和事故模型。这些机理和模型可以反映事故发生的规律性，能够从理论上为事故原因的定性定量分析、事故的预测预防和改进安全管理工作提供科学的、完整的依据。

事故致因理论的发展经历了3个阶段，即以事故频发倾向论和海因里希因果联锁论为代表的早期事故致因理论，以能量意外释放论为主要代表的事故致因理论，以及现代的系统安全理论。

（1）事故频发倾向理论。1919年，英国的格林伍德和伍兹把许多伤亡事故发生次数按照泊松分布、偏倚分布和非均等分布进行了统计分析发现，当发生事故的概率不存在个体差异时，即不存在事故频发倾向者时，一定时间内事故发生次数服从泊松分布。一些工人由于存在精神或心理方面的问题，如果在生产操作过程中发生过一次事故，则会造成胆怯或神经过敏，当再继续操作时，就有重复发生第二次、第三次事故的倾向，符合这种统计分布的主要是少数有精神或心理缺陷的工人，服从偏倚分布。当工厂中存在许多特别容易发生事故的人时，发生不同次数事故的人数服从非均等分布。

在此研究基础上，1939年，法默和查姆勃等人提出了事故频发倾向理论。事故频发倾向是指个别容易发生事故的、稳定的、个人内在倾向。事故频发倾向者的存在是工业事故发生的主要原因，即少数具有事故频发倾向的工人是事故频发倾向者，他们的存在是工业事故发生的原因。如果企业中减少了事故频发倾向者，就可以减少工业事故。

尽管事故频发倾向论把工业事故的原因归因于少数事故频发倾向者的观点是

错误的，然而从职业适合性的角度来看，关于事故频发倾向的认识也有一定可取之处。

（2）海因里希因果连锁理论。美国安全工程师海因里希提出了事故因果连锁理论。该理论认为，伤亡事故的发生不是一个孤立的事件，尽管伤害事故可能在某一瞬间发生，却是由一系列具有一定因果关系的事件相继作用与发生的结果。

海因里希把工业伤害事故的发生发展过程描述为具有一定因果关系事件的连锁，即人员伤亡的发生是事故的结果，事故的发生原因是人的不安全行为或物的不安全状态，人的不安全行为或物的不安全状态是由于人的缺点造成的，人的缺点是由于不良环境诱发或者是由先天的遗传因素造成的。

海因里希将事故因果连锁过程概括为以下 5 个因素：遗传及社会环境，人的缺点，人的不安全行为或物的不安全状态，事故，伤害。海因里希用多米诺骨牌来形象地描述这种事故因果连锁关系。在多米诺骨牌系列中，一块骨牌被碰倒了，则将发生连锁反应，其余的几块骨牌相继被碰倒。如果移去因果连锁中的任一块骨牌，则连锁被破坏，事故过程被中止。海因里希认为，企业安全工作的中心就是要移去中间的骨牌——防止人的不安全行为或消除物的不安全状态，从而中断事故连锁的进程，避免伤害的发生。

事故因果连锁中一个最重要的因素是管理。大多数企业，由于各种原因，完全依靠工程技术上的改进来预防事故是不现实的，需要完善的安全管理工作，才能防止事故的发生。如果管理上出现欠缺，就会导致事故的出现。

（3）能量意外释放论。1961 年吉布森提出了事故是一种不正常的或不希望的能量释放，各种形式的能量是构成伤害的直接原因。因此，应该通过控制能量或控制到达人体媒介的能量载体来预防伤害事故。在吉布森的研究基础上，1966 年哈登完善了能量意外释放理论，提出“人受伤害的原因只能是某种能量的转移”，并提出了能量逆流于人体造成伤害的分类方法，将伤害分为 2 类：第一类伤害是由于转移到人体的能量超过了局部或全身性损伤阈值而产生的；第二类伤害是由影响了局部或全身性能量交换引起的，主要指中毒窒息和冻伤。哈登认为，在一定条件下某种形式的能量能否产生伤害造成人员伤亡事故取决于能量大小、接触能量时间长短和频率以及力的集中程度。根据能量意外释放论，可以利用各种屏蔽来防止意外的能量转移，从而防止事故的发生。

防止能量意外释放的措施可以概括为以下几个方面：

1）用较安全的能源替代危险大的能源；

2）限制能量；

3）防止能量蓄积；

4）降低能量释放速度；

5）开辟能量异常释放的渠道；

6）设置屏障；

7）从时间和空间上将人与能量隔离；

8）设置警告信息。

4. 安全生产事故的分类和事故等级是如何划分的?

事故划分的方法有许多，可按照相关标准、事故性质、伤害程度和伤害方式等进行划分。

（1）根据《生产安全事故报告和调查处理条例》，按事故造成的人员伤亡或直接经济损失，事故一般分为以下等级。

1）特别重大事故，是指造成30人以上死亡，或者100人以上重伤（包括急性工业中毒，下同），或者1亿元以上直接经济损失的事故。

2）重大事故，是指造成10人以上30人以下死亡，或者50人以上100人以下重伤，或者5 000万元以上1亿元以下直接经济损失的事故。

3）较大事故，是指造成3人以上10人以下死亡，或者10人以上50人以下重伤，或者1 000万元以上5 000万元以下直接经济损失的事故。

4）一般事故，是指造成3人以下死亡，或者10人以下重伤，或者1 000万元以下直接经济损失的事故。

（2）按安全事故类别即伤害方式的不同分类。《企业职工伤亡事故分类》（GB 6441—1986）将企业工伤事故分为20类，分别为物体打击、车辆伤害、机械伤害、起重伤害、触电、淹溺、灼烫、火灾、高处坠落、坍塌、冒顶片帮、透水、放炮、瓦斯爆炸、火药爆炸、锅炉爆炸、容器爆炸、其他爆炸、中毒和窒息以及其他伤害等。

（3）按安全事故的伤害程度分类。事故发生后，根据事故给伤害者带来的伤害程度及其劳动能力丧失的程度，可将事故分为轻伤、重伤、死亡 3 种类型。

1）轻伤事故，指损失 1 个工作日至 105 个工作日以下的失能伤害。

2）重伤事故，指损失工作日等于和超过 105 个工作日的失能伤害，重伤损失工作日最多不超过 6 000 工作日。

3）死亡事故，指事故发生后当即死亡（含急性中毒死亡）或负伤后在 30 日内死亡的事故。死亡的损失工作日超过 6 000 工作日（这是根据中国职工的平均退休年龄和平均寿命计算出来的）。

（4）按照事故性质分类。事故共分 8 类，分别是生产事故、设备事故、人身事故、火灾事故、爆炸事故、环保事故、质量事故、交通事故。

（5）按安全事故受伤性质分类。受伤性质是指人体受伤的类型，是指从医学角度划分的创伤的具体名称，常见的有电伤、挫伤、割伤、擦伤、刺伤、撕脱伤、扭伤、倒塌压埋伤、冲击伤等。

5. 什么是未遂事件？未遂事件分几类？未遂事件的等级是如何划分的？

未遂事件是指一个不希望发生的场景，如果情况稍有不同就可能导致伤害或损失事件。未遂事件虽然没有发生人员伤亡、中毒、财产损失、环境破坏或声誉损害，但后果可能导致上述损失。例如，企业工艺操作参数偏离至安全控制范围之外，安全联锁回路启动，这是一起未遂事件；如果操作参数偏离至安全控制范围之外，安全联锁回路未启动，可能就会导致反应失控，形成事故。

（1）未遂事件按照事件主要原因可以分为以下 3 类。

1）人的不安全行为引发的未遂事件。

2）物的不安全状态引发的未遂事件。

3）环境的不安全因素引发的未遂事件。

（2）未遂事件按潜在后果的严重性分为以下 2 类。

1）一般未遂事件。潜在后果可能导致部门（或子公司）级事故的事件。

2）高危未遂事件。潜在后果可能导致企业级事故的事件。

6. 事故事件管理在制度建立、原因分析、防范措施等方面应满足哪些规定?

做好事故事件管理是企业安全管理的一项重要工作，也是重大危险源包保责任人应该承担的一项重要任务，这项工作既有严谨的技术性，又有严格的政策性。作为重大危险源主要责任人，做好事故事件管理，对掌握事故事件信息，认识潜在危险隐患，提高企业基层安全管理水平，采取有效的防范措施，防止事故重复发生，具有非常重要的作用。

国家安全监管总局《关于加强化工过程安全管理的指导意见》（安监总管三〔2013〕88号）从制度建立、原因分析、防范措施等方面对事故事件管理做了规定。

（1）加强未遂事故等安全事件的管理。企业要制定安全事件管理制度，加强未遂事故等安全事件（包括生产事故征兆、非计划停车、异常工况、泄漏、轻伤等）的管理。要建立未遂事故和事件报告激励机制。要深入调查分析安全事件，找出事件的根本原因，及时消除人的不安全行为和物的不安全状态。

（2）吸取事故事件教训。企业完成事故事件调查后，要及时落实防范措施，组织开展内部分析交流，吸取事故事件教训。要重视外部事故信息收集工作，认真吸取同类企业、装置的事故教训，提高安全意识和防范事故能力。

7. 如何做好事故事件管理?

很多灾难性事故的调查工作表明，在大事故发生前，往往先会发生一些“未遂事件”或者“轻微事故”。由于它们没有造成严重的后果，所以不容易引起人们的注意。但是，导致它们的直接原因或根源与潜在的重大过程安全事故有相同或相似的地方。假如环境条件发生改变，这些根源（管理上的缺陷）就可能导致灾难性的事故。所以，对未遂事件进行调查，找出相关的直接原因和根源，并及时落实改进措施，非常有助于防止重大事故发生。

企业要制定安全事件管理制度，对涉险事件、未遂事故等安全事件，按照重大、较大、一般等级别，进行分级管理，制定整改措施，防患于未然，建立安全事件报告激励机制，鼓励员工和基层单位报告安全事件，使企业安全生产管理由单一事后处罚，转向事前奖励和事后处罚相结合；强化事故事前控制，关口前移，积极消除人的不安全行为和物的不安全状态，把事故消灭在萌芽状态。

（1）充分认识未遂事件管理的难度。

1）未遂事件定义很难界定。由于未遂事件没有导致人身伤害或财产损失的后果，导致在界定和判断上有难度。

2）未遂事件很难上报。现场员工和承包商不愿报告未遂事件，主要因为：

①因为担心遭到处罚，员工和承包商通常有隐瞒未遂事件的倾向；

②员工和承包商顾及自己或他人的面子，不愿意报告未遂事件；

③员工和承包商不了解如何报告未遂事件，或者企业没有建立起便捷的报告途径，或者员工和承包商报告了之后没有获得积极的反馈。

（2）实施未遂事件管理措施。重大危险源操作负责人应充分认识到未遂事件管理的重要性和作用，以实际行动支持未遂事件管理的实施。

1）准确划分未遂事件。将如果条件稍有不同就可能引起伤害和财产损失的情形，界定为需要上报和处理的事件，可以分级为重大未遂事件、一般未遂事件。

2）明确未遂事件的管理过程。从报告、优选化处理、原因分析、纠正、统计分析、学习和分享等环节用程序和制度明确下来。

3）建立未遂事件报告的工具。如观察和沟通卡、未遂事件报告表等。

4）对企业员工进行相关程序和管理工具的培训。如安全观察和沟通培训、报告和处理程序培训等。

5）建立事件上报激励机制，激励报告未遂事件。生产经营单位发生未遂事件后，未遂事件发现人应及时报告至基层部门。基层部门应根据未遂事件的潜在严重性和分析难度决定是否报告至上级主管部门，高危未遂事件应逐级报告至上级主管部门。未遂事件发现人应于 12 h 内报告至基层单位，高危未遂事件应于 24 h 内逐级报告至企业主管部门。

6）开展未遂事件的调查、分析、处理、统计、报告和考评。

二、事故事件报告

1. 发生生产安全事故后企业应如何上报？报告的内容包括哪些？

（1）根据《生产安全事故报告和调查处理条例》的规定，发生生产安全事故后，事故发生单位事故现场有关人员应当立即向本单位负责人报告；单位负责人接到报告后，应当于1 h内向事故发生地县级以上人民政府应急管理部门和负有安全生产监督管理职责的有关部门报告。

情况紧急时，事故现场有关人员可以直接向事故发生地县级以上人民政府应急管理部门和负有安全生产监督管理职责的有关部门报告。

事故报告后出现新情况的，应当及时补报。自事故发生之日起30日内，事故造成的伤亡人数发生变化的，应当及时补报。

（2）根据《生产安全事故报告和调查处理条例》的规定，发生生产安全事故后，事故发生单位向事故发生地县级以上人民政府应急管理部门和负有安全生产监督管理职责的有关部门报告事故，事故一般应以书面形式报告，情况特别紧急时，可用电话口头初报，随后书面报告。报告内容包括以下几个方面：

1）事故发生单位概况；

2）事故发生的时间、地点以及事故现场情况；

3）事故的简要经过；

4）事故已经造成或者可能造成的伤亡人数（包括下落不明的人数）和初步估计的直接经济损失；

5）已经采取的措施；

6）其他应当报告的情况。

2. 何谓迟报、漏报、谎报、瞒报生产安全事故？

“迟报”是指超过《生产安全事故报告和调查处理条例》或者其他国家有关规定的时限报告事故情况，包括故意拖延不报的。“漏报”是指因过失对应上报的事故或者事故发生的时间和地点、类别、伤亡人数、直接经济损失等内容遗漏未报。“谎报”是指故意不如实报告事故发生单位概况、事故发生的时间和地点、简要经过、现场情况、已经造成和可能造成的伤亡人数、事故类别、直接经济损失等有关内容。“瞒报”是指隐瞒已发生的事故，超过规定时限未向安全监管监察部门和有关部门报告，并经查证属实的。发生生产安全事故后，事故发生单位在限定时限内不主动向法定部门如实报告，在被有关部门发现并开展调查时才不得已告知事故真相的，仍属瞒报事故。

为了最大限度抑制违法行为，保证相关部门及时、准确掌握事故的全部信息，《中华人民共和国安全生产法》第八十四条对“隐瞒不报、谎报或者迟报”行为作了禁止性规定。

3. 发生生产安全事故后，谎报、瞒报的后果是什么？

《生产安全事故报告和调查处理条例》第三十六条规定：事故发生单位及其有关人员有谎报或者瞒报事故的行为，对事故发生单位处 100 万元以上 500 万元以下的罚款；对主要负责人、直接负责的主管人员和其他直接责任人员处上一年年收入 60%至 100%的罚款；属于国家工作人员的，并依法给予处分；构成违反治安管理行为的，由公安机关依法给予治安管理处罚；构成犯罪的，依法追究刑事责任。

《中华人民共和国刑法》第一百三十九条规定，在安全事故发生后，负有报告职责的人员不报或者谎报事故情况，贻误事故抢救，情节严重的，处 3 年以下有期徒刑或者拘役；情节特别严重的，处 3 年以上 7 年以下有期徒刑。

三、事故事件调查

1. 生产安全事故调查处理的一般要求是什么？

《中华人民共和国安全生产法》第八十六条规定，事故调查处理应当按照科学严谨、依法依规、实事求是、注重实效的原则，及时、准确地查清事故原因，查明事故性质和责任，评估应急处置工作，总结事故教训，提出整改措施，并对事故责任单位和人员提出处理建议。事故调查报告应当依法及时向社会公布。

生产安全事故的调查处理具有很强的科学性和技术性，特别是事故原因的调查，往往需要做很多技术上的分析和研究，利用很多技术手段。事故发生后，事故调查主体、调查程序和调查结果的认定，要严格依法依规执行。对于事故性质、原因和责任的分析，要按照有关规定和标准进行，做到于法（规）有据；在事故调查中，必须全面、彻底查清生产安全事故的原因，不得夸大或缩小事故事实，不得弄虚作假。要从实际出发，在查明事故原因的基础上明确事故责任。提出处理意见要实事求是，不得从主观出发，不能感情用事，要根据事故责任划分，按照法律、法规和国家有关规定对事故责任人提出处理意见。要注重调查的效率，在调查规程中及时发现问题，总结教训，对今后的类似事故起到警示作用。

2. 企业如何配合生产安全事故调查?

《生产安全事故报告和调查处理条例》规定，事故发生后，有关单位和人员应当妥善保护事故现场以及相关证据，任何单位和个人不得破坏事故现场、毁灭相关证据。因抢救人员、防止事故扩大以及疏通交通等原因，需要移动事故现场物件的，应当做出标志，绘制现场简图并做出书面记录，妥善保存现场重要痕迹、物证。

事故调查组有权向有关单位和个人了解与事故有关的情况，并要求其提供相关文件、资料，有关单位和个人不得拒绝。

事故发生单位的负责人和有关人员在事故调查期间不得擅离职守，并应当随时接受事故调查组的询问，如实提供有关情况。

任何单位和个人不得阻挠和干涉对事故的报告和依法调查处理。

3. 对于企业内部的安全事件，应如何开展事件调查?

（1）成立事件调查组

1）未遂事件由事件发生部门进行调查，分析事件原因，提出并落实整改措施。企业安全部门负责审核事件调查情况，并监督整改措施落实。

2）事件或涉险事故发生后，企业安全部门组织成立事件调查组，安全部门领导担任组长。重大事件发生后，企业安委会组织成立事件调查组，总经理担任组长。

3）事件调查组包括事件发生部门、安全部门、人力资源部、工会、其他相关部门的领导及设备厂商等。

4）调查过程中，可根据需求，邀请相关部门参与调查，相关部门必须积极配合。

5）员工有权利及义务参与事件调查组。

（2）原始资料收集

1）事件发生后，事件调查组依据《事件确认单》进行现场原始资料收集。

2）事件发生部门应积极配合资料收集工作，确保掌握原始状况。

3）事件发生后，发生部门应及时向安全部门提交事件简报，并对简报内容真实性负责。

4）事件简报应包括：事件基本信息，如事件部门、事件类别、事件时间、事件地点、事件设备、事件人员信息、初步估计的直接经济损失等；事件简要经过及影响；初步原因分析；临时措施。

（3）完成事件调查报告

1）事件调查组应于事件发生后及时完成事件调查，并完成处理报告。

2）事件调查报告应包括：事件基本信息，如事件部门、事件类别、事件时间、事件地点、事件设备、事件人员信息等；事件经过及影响；原因分析，包含直接原因、间接原因、事件性质等内容分析；整改及防范措施，须有临时措施、永久措施、管理制度等各项措施的实施方案及日期；处理意见。

3）事件调查组需编制事件调查报告并向企业决策层（安委会）汇报事件调查结果，并提出事件处理意见，由决策层（安委会）审议。

（4）整改措施落实

1）事件调查组应在事件报告中制定“改善和预防措施”。

2）整改责任部门在规定期限内完成全部整改措施后，向事件调查组提交整改结果。事件调查组组织相关部门进行现场确认。整改责任部门编制事件整改报告，提交决策层（安委会）审议。

4. 事故调查的“四不放过”是指什么？

事故调查的“四不放过”原则是指事故原因未查清不放过、事故责任人未受到处理不放过、事故责任人和广大群众未受到教育不放过、防范措施未落实不放过。

（1）事故原因未查清不放过原则的含义是要求在调查处理伤亡事故时，首先要把事故原因分析清楚，找出导致事故发生的真正原因，不能敷衍了事。不能在尚未找到事故主要原因时就轻易下结论，也不能把次要原因当成真正原因，未找到真正原因决不轻易放过，直至找到事故发生的真正原因，并厘清各因素之间的因果关系才算达到事故原因分析的目的。

（2）事故责任人未受到处理不放过原则的含义是安全事故责任追究制的具体体现，对事故责任者要严格按照安全事故责任追究规定和有关法律、法规的规定进行严肃处理。

（3）事故责任人和广大群众未受到教育不放过原则的含义是指在调查处理事故时，不能仅仅完成原因分析和处理有关人员的任务，还必须使事故责任者和广大群众了解事故发生的原因及所造成的危害，并深刻认识到做好安全生产的重要性，使大家从事故中吸取教训，在今后工作中更加重视安全工作。

（4）防范措施未落实不放过原则的含义是指针对事故发生的原因，在对安全生产事故进行严肃认真调查处理的同时，还必须提出防止相同或类似事故发生的切实可行的预防措施，并督促事故发生单位加以实施。只有这样，才算达到了事故调查和处理的最终目的。

四、事故事件防范

1. 事故事件预防与控制措施有哪些？

（1）事件分析和预防措施。

1）事件分析的组织。一般未遂事件由基层部门组织分析，高危未遂事件由上级部门组织分析，必要时企业主管部门组织分析。承包商发生的未遂事件由承包商组织分析，必要时协助分析。

2）事件分析的程序和要求。事件分析人员应具有足够技能、专业知识和经验。事件分析应找出未遂事件发生的原因和潜在后果，提出防范措施，填写《未遂事件报告卡》。事件分析结束后，事件主管部门将事件分析信息建立安全管理系统，15 个工作日内将事件分析结果反馈给有关单位和人员，并对相关人员进行教育。

3）未遂事件的预防措施跟踪与统计分析。具有共性的未遂事件，应将事件分析报告上报给上级安全管理部门，基层部门、专业或职能部门应跟踪未遂事件防范措施的完成情况。企业安全管理部门定期对未遂事件的发生规律进行分析，提出安全管理改进建议，并定期将分析结果、典型未遂事件案例向企业发布，分享经验。

（2）事故预防与控制的原则。事故预防是通过采用工程技术、管理和教育等手段使事故发生的可能性降到最低；事故控制是通过采用工程技术、管理和教育等手段使事故发生后不造成严重后果或使损害尽可能减小。控制系统危险因素和事故隐患的基本原则主要包括以下几个方面。

1）消除潜在危险的原则。在本质上消除事故隐患，是理想的、积极的、进步的事故预防措施。其根本做法是以新的系统、新的技术和工艺代替旧的不安全的系统和工艺，从根本上消除事故发生的可能性。例如，用不可燃材料代替可燃材料，以导爆管技术代替导火索起爆方法，改进机器设备，消除人体操作对象和作业环境的危险因素，排除噪声、尘毒对人体的影响等，从本质上实现职业安全卫生。

2）降低潜在危险因素数值的原则。在系统危险不能根除的情况下，尽量降低系统的危险程度。一旦系统事故发生，将使其所造成的后果严重程度控制在最小。例如，手电钻工具采用双层绝缘措施，利用变压器降低回路电压，在高压容器中安装安全阀、泄压阀抑制危险发生。

3）冗余性原则。通过多重保险、后援系统等措施，提高系统的安全系数，增加安全余量。例如，在工业生产中降低额定功率，增加钢丝绳强度，飞机系统的双引擎，系统中增加备用装置或设备等措施。

4）闭锁原则。在系统中通过一些元器件的机器联锁或电气互锁，可作为保证安全的条件，如冲压机器的安全互锁器等。

5）薄弱环节原则。在系统中设置薄弱环节，以最小的、局部的损失换取系统的总体安全。如电路中的保险丝、煤气发生炉的防爆膜、压力容器的泄压阀等。它们在危险情况刚出现时就发生破坏，从而释放或阻断能量，以保证整个系统的安全。

6）坚固性原则。通过增加系统强度来保证安全性，如加大安全系数，提高结构强度等措施。

7）个体防护原则。根据不同作业性质和条件配备相应的保护用品及用具，如采取被动的措施，以减轻事故和灾害造成的伤害或损失。

8）代替作业人员的原则。在不可能消除和控制危险及有害因素的条件下，以机器、机械手、自动控制器或机器人等代替人的某些操作，防止危险和有害因素对人体的危害。

9）警告和禁止信息原则。采用光、声、色或其他标识作为传递组织和技术信息的目标，以保证安全，如宣传画、安全标识、板报警告等。

2. 生产安全事故发生后，企业如何开展原因分析？

生产安全事故发生后，企业应根据国家相关法律、法规和标准的规定，运用科学的事故分析手段，深入剖析事故事件的根原因，找出安全管理体系的漏洞，从整体上提出整改措施，完善安全管理体系。事故原因一般可以分为3种：直接原因、间接原因和根本原因。分析事故时，应从直接原因入手，逐步深入到间接原因，最后是分析事故的根本原因，从而掌握事故的全部原因，必要时，还应考虑外部原因。

（1）事故的直接原因分析。事故的直接原因分析主要集中在物的不安全状态、人的不安全行为2个方面。

1）分析物的不安全状态主要从以下几个方面考虑：

①安全防护装置，即防护、保险、信号等装置缺失或有缺陷；

②设备、设施、工具、附件有缺陷；

③生产（施工）场地环境不良；

④个人防护用品用具，如防护服、手套、护目镜及面罩、呼吸器官护具、听力护具、安全带、安全帽、安全鞋等缺少或有缺陷。

2）分析人的不安全行为主要从以下几个方面考虑：

①在没有排除故障的情况下操作，没有做好防护或提出警告；

②在不安全的速度下操作；

③使用不安全的设备或不安全地使用设备；

④处于不安全的位置或不安全的操作姿势；

⑤工作在运行中或有危险的设备上，冒险进入危险场所。

（2）事故的间接原因分析。在《企业职工伤亡事故调查分析规则》（GB 6442—1986）中规定，属下列情况者为间接原因：

1）技术和设计上有缺陷，如工业构件、建筑物、机械设备、仪器仪表、工艺过程、操作方法、维修检验等的设计、施工和材料使用存在问题；

2）教育培训不够、未经培训、缺乏或不懂安全操作技术知识；

3）劳动组织不合理；

4）对现场工作缺乏检查或指导错误；

5）没有安全操作规程或不健全；

6）没有或不认真实施事故防范措施，对事故隐患整改不力；

7）其他。

（3）事故根原因分析。事故根原因主要体现在企业安全管理的制度和流程上，为管理上的缺陷，所以，要从制度或流程中找根原因，应从以下几个方面考虑：

1）安全方针的概括性、有效性；

2）组织结构的有效性；

3）安全管理程序和作业指导书等的充分性和有效性；

4）安全管理体系的建立、实施、保持和持续改进状况。

（4）外部原因分析。事故的外部原因有对事故发生有影响的监管因素，供应商的产品与服务因素，自然因素，事故引发人的家庭、遗传、成长环境因素，以及影响组织的政治、经济、文化、法律因素等。分析时，应具体找出其作用点和具体影响作用，为预防事故奠定基础。

3. 发生生产安全事故后，企业如何深刻吸取事故教训，制定防范措施?

安全生产工作的根本方针是安全第一、预防为主、综合治理。生产安全事故发生后，主要负责人要积极协助事故调查组做好事故调查工作，通过查明事故经过和事故原因，发现安全生产管理工作的漏洞，从事故中总结教训，并提出整改措施，防止今后类似事故再次发生。重点抓好以下几个方面的工作。

（1）认真贯彻落实新发展理念，始终坚持“两个至上（人民至上、生命至上）”和“安全第一”的原则和方针。

（2）强化安全领导力建设。

（3）加强安全生产合规性管理，持续具备法律、法规、标准规定的安全生产条件。

（4）加大安全投入，确保资金投入满足安全生产需要，加大对安全生产、物资、技术、人员投入的保障力度，实施本质安全提升战略。

（5）依法建立安全生产管理机构；建立健全并落实全员安全生产责任制；建立和不断完善各项安全管理制度和操作程序；构建以风险管理为核心、涵盖职业安全和过程安全管理先进的安全生产管理体系并确保有效运行。

（6）按要求上报安全生产事故，做好事故抢险救援，妥善处理医疗救治、依法赔偿等事故善后工作；认真吸取有关事故教训，不发生重复事故。

（7）落实“三管三必须”的法律要求，实施专业安全管理提升战略。

（8）通过加强体系运行情况的内部审核，及时发现企业安全生产存在的短板和不足，集中开展安全专项治理。

（9）实施人才提升战略，构建企业自己的安全管理专业队伍和成熟操作人员队伍。

（10）构建优秀的企业安全文化。

（11）定期接受外部审计，解决“灯下黑”的问题。

（12）强化考核，狠抓落实，持续改进。

思考题

1. 生产安全事故发生后，企业如何正确分析事故发生的原因？
2. 企业应如何避免重大危险源生产安全事故的发生？
3. 企业应如何抓好事故事件管理？
4. 发生重大危险源生产安全事故后，企业主要负责人应采取哪些措施？

第四节　典型事故案例剖析

1. 英国邦斯菲尔德事故发生的原因是什么？我们应该从中吸取哪些事故教训？

2005 年 12 月 11 日，英国邦斯菲尔德油库发生火灾爆炸事故，爆炸和火灾摧毁了油库的大部分设施，包括 23 个大型储油罐，以及油库附近的房屋和商业设施。事故造成 43 人受伤，直接经济损失 2.5 亿英镑。

该油库始建于 1968 年，主要储存燃料油，包括汽油，油品储量 19.4 万 t。油库储罐的液位控制方式有 2 种：一是员工通过液位计进行监测；二是储罐设有独立的高液位开关（IHLS），可以在储罐过满时自动停止收油，并将液位信号远传到控制室。事故储罐结构见图 3-1。

导致这起重大事故发生的直接原因是：912 号储罐中的燃料油液位升高后，高液位报警器和高液位开关都没有发出任何动作。当罐内液位达到预设报警高度后，控制室内的操作人员未能获得任何警报信息，最后导致大量原油从罐顶溢出，形成的蒸气云被点燃，发生了巨大的爆炸和持续燃烧。事故后的邦斯菲尔德油库见图 3-2。

除直接原因外，事故还暴露出很多深层次原因。事故发生的间接原因有以下

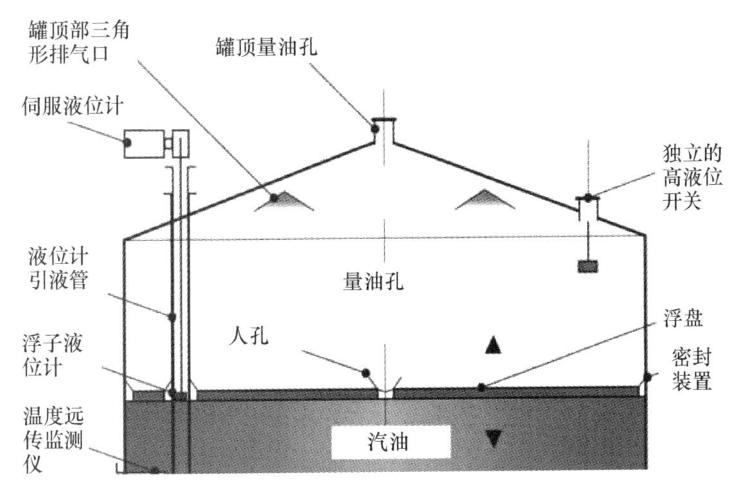

图 3-1 事故储罐结构示意图

图 3-2 事故后的邦斯菲尔德油库

几个方面。

（1）储罐投用前未对安全仪表系统进行调试确认。事故储罐建设之初，安装了一个独立的高液位开关，设计方在设计时考虑到其安全可靠性，设置了挂锁，但却未能给安装者和使用者对挂锁的作用提供清晰明确的指导，安装和使用开关的人员不太了解开关的工作原理及设置挂锁的作用。公司作业人员以为挂锁仅仅是为了“防破坏”，所以在经过初次调试后，就将检核杆置于非作业位置，使高液位开关失去了正常工作的功能。企业在储罐正式投用前又未进行再次调试，致使高液位开关存在的故障问题无人发觉。

（2）设备完好性管理方面存在不足，设备带病运行。事故储罐在2005年8月投入运行后，液位计就经常不好用，液位监测系统失效，伺服液位计卡住（液位计显示水平线不发生变化）不好用的情况多次出现。企业虽采取一些措施临时解决了问题，但导致液位计卡住的原因始终未能确定，在明知储罐上的高液位开关不好用的情况下，储罐仍被“带病”使用。

（3）重大危险源监测监控系统存在缺陷。一是该公司将多个储罐的液位监测系统提供的数据集中在一个显示屏上显示，每次只能看到其中一个储罐的完整状态，不能及时发现整个罐区某一储罐出现的异常工况，给工艺应对处置带来极大不便；二是企业控制室显示屏上的储罐模拟图上有一个“紧急停车”按钮，当按下这个按钮时即可以将储罐的所有侧阀都关掉。但企业很多技术人员并不知道该按钮不好用，且从未将其纳入安全仪表系统；三是罐区没有安装可燃气体报警器，导致溢流后没有报警；四是罐区没有安装视频监控系统，导致溢流后，操作工不能及时发现。

（4）工艺管理存在不足，交接班不清。事故调查显示，该罐区监测监控系统内置的安全系统居然允许控制室内的所有员工对其参数（包括报警设置值）进行修改，导致发生报警后储罐实际危险程度不可预知，给工艺处置带来误区。同时该油库充装作业的操作规程缺乏细节要求，缺少异常工况处置内容及应急处理相关内容。在事故发生前的3个月间，该储罐上的液位仪表曾经有14次被卡住不好用，但并未做好交接班，在故障日志上也没有这些记录。

（5）变更管理缺失，未开展风险评价工作。油库扩容后，运销能力加大，大量的油罐车司机及承包商、作业人员工作负担增加，加大了人员作业的风险，员工队伍不稳定，员工离职现象多，也使员工素质有所下降。这些因扩容变更带来的风险未引起企业重视，暗藏隐患。

（6）事故应急处置系统存在问题。一是企业设置的消防泵房位置不合理，导致泄漏的燃料油从防火堤内溢出并将消防泵房淹没；二是罐区防火堤既不防渗也不防火，不满足防火设计规范要求，且有与罐区无关的管线穿越防火堤，致使防火堤不能有效容纳泄漏的液体和消防废水，大量消防废水流出库区进入地下水中；三是当班员工风险意识不足，输油过程中在液位计卡住长达 3 h 时间里，控制室液位指示不发生变化，操作人员未能及时通知现场人员进行确认，也没有与上游装置人员电话沟通，直至油品满罐溢出，酿成事故。

通过分析这起事故发生的原因，汲取事故教训，可以防范类似事故重复发生。

（1）加强重大危险源场所安全仪表系统的管理。《关于加强化工安全仪表系统管理的指导意见》（安监总管三〔2014〕116 号）指出，安全仪表系统（SIS）包括安全联锁系统、紧急停车系统和有毒有害、可燃气体及火灾检测保护系统等。安全仪表系统独立于过程控制系统（例如分散控制系统等），生产正常时处于休眠或静止状态，一旦生产装置或设施出现可能导致安全事故的情况时，能够瞬间准确动作，使生产过程安全停止运行或自动导入预定的安全状态，因此必须有很高的可靠性（即功能安全）和规范的维护管理，如果安全仪表系统失效，往往会导致严重的安全事故。防止储罐发生超温、超压、超液位运行现象，就要高度重视安全仪表的作用。洋葱模型给大家诠释了防止安全事故的各保护层设置情况，只有有效进行层层设防，才能防范重特大事故的发生。洋葱模型示意图见图 3-3。

重大危险源企业要确保安全仪表系统功能完善、投运正常，仪表安全完整性等级要符合《石油化工安全仪表系统设计规范》（GB/T 50770—2013）规定。对长期未用或检修后重新投用的仪表系统在再次投用前需进行调试。

（2）加强设备完好性管理，严禁“带病”运行。《危险化学品企业安全风险隐患排查治理导则》明确了设备“带病”运行的几种情况，防范重大危险源重特大事故，就要高度重视设备设施的维护管理，及时对发现的隐患问题进行整改，避免出现“带病”运行现象。

（3）强化重大危险源监测监控设施的配备及管理。要按照重大危险源管理要求，配备温度、压力、液位、流量等监测参数及有毒可燃气体检测报警系统，设置的视频监控系统要确保对重大危险源场所全覆盖，罐区视频监控要保证能覆盖到储罐顶部。

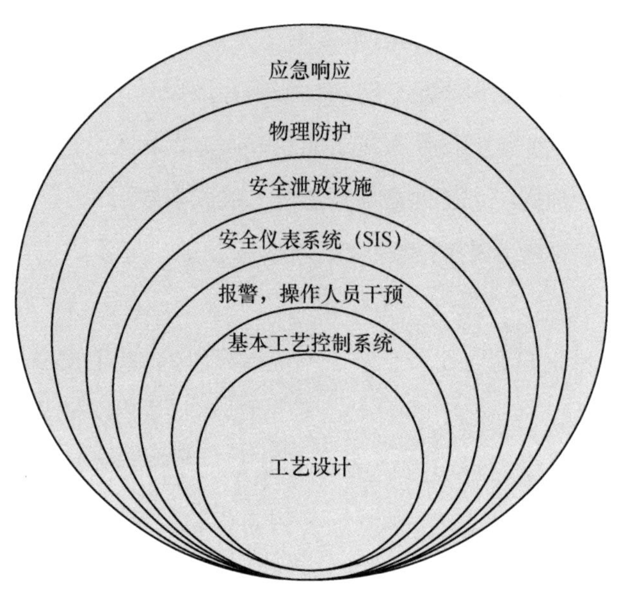

图 3-3　洋葱模型示意图

（4）要加强工艺纪律管理，严格交接班制度。执行工艺纪律的内容主要包括遵守操作规程、严控工艺指标、认真做好巡检、按时做好记录、及时处理报警、准确排除异常等各个方面；交接班制度则是从事连续生产的作业人员进行交接班时应该遵守的工艺纪律。

化工岗位交接班主要包括以下内容。

1）交本班生产负荷、机组配置情况、工艺指标、产品质量和任务完成情况，以及原料、燃料和辅助材料消耗和存量情况。

2）交各种设备、仪表运行情况及设备、管道坚固和跑冒滴漏情况。

3）交不安全因素及已采取的预防措施和事故处理情况。

4）交原始记录是否正确完整和岗位辖区内的定置定位、清洁卫生和其他工种在辖区内活动情况。

5）交上级指令、要求和注意事项。

严格做好交接班，对化工企业来讲，是很重要的一件事情，也是厘清事故责任的重要依据。化工生产因交接班不清，也可能导致事故的发生，如浙江某医药公司“1·3”爆燃事故和吉林省某石油化工股份有限公司“2·17”爆炸事故等。

加强工艺纪律管理还体现在化工操作人员在任何情况下均不得随意修改工艺报警值。确需修改工艺报警值的，须在履行变更管理程序后，由仪表专业人员完成。仪表专业人员不得赋予控制室操作人员修改工艺报警值的权限。

（5）加强应急管理。要严格吸取事故教训，在消防泵房、消防控制室等全厂重要设施的位置选择上，在防火堤的设计建设过程中，必须严格按照规范标准要求设计建造，避免扩大事故后果或发生二次事故。同时提高操作人员安全意识，准确判断异常工况并及时采取相应措施。

总之，英国邦斯菲尔德油库火灾爆炸事故带给人们的教训是极其深刻的，值得每一个重大危险源包保人深思。

2. 临沂金誉石化有限公司“6·5”罐车泄漏重大爆炸着火事故发生的原因是什么？我们应该从中吸取哪些事故教训？

2017 年 6 月 5 日凌晨 1 时左右，临沂金誉石化公司储运部装卸区的一辆液化石油气运输罐车在卸车作业过程中发生液化气泄漏，引起重大爆炸着火事故，装卸区内停放的运输车辆罐体爆炸残骸等飞溅物击中周边设施、物料管廊、液化气球罐、异辛烷储罐等，致使 2 个液化气球罐发生泄漏燃烧，2 个异辛烷储罐发生燃烧爆炸。冲击波还扩散到控制室，造成控制室损坏。事故共造成 10 人死亡，9 人受伤，直接经济损失 4 468 万元。爆燃事故现场见图 3-4。

图 3-4　金誉石化“6·5”爆燃事故现场

事故直接原因是：肇事罐车驾驶员长途奔波、连续作业，在午夜进行液化气卸车作业时，没有严格执行卸车规程，出现严重操作失误，致使快装接口与罐车液相卸料管未能可靠连接，在开启罐车液相球阀瞬间发生脱离，造成罐体内液化气大量泄漏。现场人员未能有效处置，泄漏后的液化气急剧气化，迅速扩散，与空气形成爆炸性混合气体达到爆炸极限，遇点火源发生爆炸燃烧。

事故间接原因有以下几个方面。

（1）该公司未落实安全生产主体责任。对企业存在的安全风险特别是卸车区叠加风险辨识和评估不全面、高风险的管控措施不落实，从业人员素质和化工专业技能不能适应高危行业安全管理的需要。

（2）特种设备安全管理混乱，未依法取得移动式压力容器充装资质和工业产品生产许可资质，违法违规生产经营，特种设备管理和操作人员不具备相应资格和能力。

（3）卸载前未严格执行安全技术操作规程，对快装接口与罐车液相卸料管连接可靠性检查不到位，流体装卸臂快装接口定位锁止部件经常性损坏更换维护不及时。

（4）危险化学品装卸管理不到位，连续 24 h 组织作业，10 余辆罐车同时进入装卸现场，超负荷进行装卸作业。

（5）事故应急管理不到位，预案编制针对性和实用性差，未根据装卸区风险特点开展应急演练和培训，出现泄漏险情时，现场人员未能及时关闭泄漏罐车紧急切断阀和球阀，未及时组织人员撤离，致使泄漏持续超 2 分钟直至遇到点火源发生爆燃，造成重大人员伤亡。

事故给予我们的启示及防范措施建议有以下几个方面。

（1）危险化学品生产、经营、运输企业要加强危险化学品装卸环节的安全管理。建立和完善危险化学品装卸环节的安全管理制度，严格执行危险化学品装卸车操作规程，液化气体装卸作业时应对接口连接可靠性进行确认。

（2）企业应提高应急管理水平。要针对装卸环节可能发生的泄漏、火灾、爆炸等事故，制定操作性强的事故应急救援预案，特别是完善现场处置方案，定期组织操作人员进行应急预案培训和演练，配备必要的应急救援器材，提高企业事故施救能力。

（3）合理组织装卸车作业。要科学评判集中装卸作业可能存在的风险叠加现象，合理布置装车区和待装区，减少人员密集程度和车辆密集程度，防止发生多米诺效应。

（4）加强设备完好性管理，装卸作业时不仅要检查接口可靠性，还要增强容错功能，避免发生失误。

（5）加强对控制室的抗爆性设计，做到控制室、机柜间不得朝向具有爆炸危险性的生产装置。

3. 江苏德桥仓储有限公司“4·22”较大事故发生的原因是什么？我们应该从中吸取哪些事故教训？

2016年4月22日9时13分左右，江苏德桥仓储有限公司储罐区2号交换站发生火灾，事故导致1人死亡（消防员），直接经济损失2 532.14万元人民币。

（1）事故单位简介。江苏德桥仓储有限公司共有储罐139个，储存能力58万 m^3。事故发生前储存有汽油、石脑油、甲醇、芳烃、冰醋酸、醋酸乙酯、醋酸丁酯、二氯乙烷、液态烃等25种危险化学品，共计21.12万t，其中：油品约14万t，液态化学品近7万t，液化气体约1 420 t。

该仓储公司罐区分南、北2个罐区，共有11组罐组。其中：北罐区由东向西依次为11罐组、12罐组、13罐组、14罐组、15罐组，共5组罐组，52只立式储罐；南罐区由东向西依次为21罐组、22罐组、23罐组、24罐组、25罐组（2505~2510储罐建成后拆除）、9罐组（球罐），共6组罐组，66只立式储罐，21只球罐。罐区内还设置了泵房、集污池、1号交换站、2号交换站等相关辅助设施。

（2）事故发生经过。

1）事故发生前的现场作业情况。事故发生前，2号交换站内存在4种作业。

①过驳作业。持续到4月22日事故发生时。

②倒罐作业。从4月21日21时开始，2409储罐与2405储罐之间倒罐汽油760 t，作业持续到4月22日事故发生时。

③清洗作业。根据储运部副主任的安排，4 月 22 日 8 时 15 分左右，储运部 3 名操作工开始清洗 2507 管道（曾用于输送混合芳烃），清洗后的污水直接流入地沟。8 时 30 分左右，储运部 3 名操作工开始打捞地沟及污水井水面上的浮油。

④动火作业。根据储运部副主任的安排，4 月 21 日 12 时 30 分左右，3 名装配工开始改造 2 号交换站内管道。当天下午，完成了钢管除锈、打磨和刷油漆等准备工作，并将位于 2 号交换站内东侧 2301 管道割断，在断口处各焊接一块接口法兰。当日动火开具了《动火作业许可证》，焊接点下方铺设了防火毯。储运部操作工负责监火。

4 月 22 日上班后，3 名装配工继续焊接 21 日下午未焊好的法兰，并对位于 2 号交换站东北角 1302 管道壁底开一直径 150 mm 的接口（接口距离地面垂直距离约 1 m，距离地沟水平距离约 1 m），将 1302 管道连接到 2301 管道发车泵上。

4 月 22 日事故发生时，2 号交换站共有监泵、清洗、动火、监火 8 名人员在现场作业。

2）事故发生经过。4 月 21 日 16 时左右，装配工甲找到储运部副主任，申请 22 日的动火作业。储运部副主任在《动火作业许可证》“分析人”“安全措施确认人”两栏无人签名的情况下，直接在许可证“储运部意见”栏中签名，并将许可证直接送公司副总签字，公司副总直接在许可证“公司领导审批意见”栏中签名。18 时左右，装配工甲将许可证送到安保部，安保部巡检员甲在未对现场可燃性气体进行分析、确认安全措施的情况下，直接在许可证“分析人”“安全措施确认人”栏中签名，并送给安保部副主任签字，安保部副主任在未对安全措施检查的情况下直接在许可证“安保部意见”栏中签名。

4 月 22 日 8 时左右，装配工甲到安保部领取了 21 日审批的《动火作业许可证》，许可证“监火人”栏中无人签字。8 时 10 分左右，电焊工开始在 2 号交换站内焊接 2301 管道接口法兰，装配工甲与打磨工在站外预制管道。安保部污水处理操作工到现场监火。

4 月 22 日 8 时 20 分左右，电焊工焊完法兰后到站外预制管道，装配工甲到站内用乙炔焰对 1302 管道下部开口。因割口有清洗管道的消防水流出，装配工甲停止作业，等待消防水流尽。在此期间，储运部副主任对作业现场进行过一次检查。

4 月 22 日 8 时 30 分左右，安保部巡检员乙、安保部巡检员丙巡查到 2 号交换站，安保部巡检员丙替换安保部污水处理操作工监火，安保部污水处理操作工去污水处理站监泵，安保部巡检员乙继续巡检。

4 月 22 日 9 时 13 分左右，装配工甲继续对 1302 管道开口时，立即引燃地沟内可燃物，火势在地沟内迅速蔓延，瞬间烧裂相邻管道，可燃液体外泄，2 号交换站全部过火。10 时 30 分左右，2 号交换站上方管廊起火燃烧。10 时 40 分左右，交换站再次发生爆管，大量汽油向东西两侧道路迅速流淌，瞬间形成全路面的流淌火。12 时 30 分左右，2 号交换站上方的管廊坍塌，火势加剧。事故现场见图 3-5。

图 3-5　事故现场

3）事故原因分析。

①直接原因是：该公司组织承包商在 2 号交换站管道进行动火作业前，在未清理作业现场地沟内油品、未进行可燃气体分析、未对动火点下方的地沟采取覆盖和铺沙等措施进行隔离的情况下，违章动火作业，切割时产生火花引燃地沟内的可燃物。

②间接原因有以下几个方面。

a. 特殊作业管理不到位。动火作业相关责任人员公司副总、储运部副主任、安保部副主任、安保部巡检员甲等人不按签发流程，不对现场作业风险进行分析、确认安全措施。在《动火作业许可证》已过期的情况下，违规组织动火作业。

b. 事故初期应急处置不当。现场初期着火后，现场人员未在第一时间关闭周边储罐根部手动阀，未在第一时间通知中控室关闭电动截断阀，未在第一时间切断燃料来源，导致事故扩大。该公司虽然制定了综合、专项、现场处置预案，并每年组织演练，但演练没有注重实效性，没有开展职工现场处置岗位演练，提升职工第一时间应急处置能力。

c. 工程外包管理不到位。该公司对工程外包施工单位资质审查不严，未能发现无资质人员顾某以华东公司名义承接工程。对外来施工人员的安全教育培训不到位，在21日3名装配工进场作业前，安保部巡检员丁对其教育流于形式，未根据作业现场和作业过程中可能存在的危险因素及应采取的具体安全措施进行教育，考核采用抄写已做好的试卷的方式。储运部副主任、安保部巡检员乙2人曾先后检查作业现场，安保部污水处理操作工、安保部巡检员丙先后在现场监火，都未制止施工人员违章动火作业。

d. 隐患排查治理不彻底。未按相关文件要求组织特殊作业专项治理，消除生产安全事故隐患。该公司先后因违章动火作业、火灾隐患等多次被有关部门责令整改、处以罚款。2016年3月，2号交换站曾因动火作业产生火情。

e. 该公司主要负责人未切实履行安全生产管理职责。总经理未贯彻落实上级安监部门工作部署，未在全公司组织开展特殊作业专项治理，并及时启用新的《动火作业许可证》；对公司各部门履行安全生产职责督促、指导不到位，未及时消除生产安全事故隐患。

4）事故启示及防范措施建议。

①落实企业安全生产主体责任，强化现场安全管理。严格遵守国家法律法规的规定，落实安全生产主体责任，切实做到“五落实五到位”。通过建立健全安全生产责任制、规章制度和操作规程，真正把安全生产责任落实到每个环节、岗位。

②完善特殊作业管理制度。加强现场作业管理，动火作业前进行可燃气体分析、及时清理作业现场易燃油品，安排动火作业监护人进行监护，杜绝擅自动火

作业的行为。

③加强承包商管理。近年来，企业工程外包现象比较普遍，尤其是一些检维修作业往往和企业生产交叉进行，致使安全生产风险增加。企业应加强对承包商作业资质审核，防止发包给不具备安全生产条件的单位，同时对承包商人员纳入本单位从业人员进行统一管理，并按有关要求进行安全教育培训。

④加强对从业人员的安全教育培训工作，增强员工安全意识和事故防范能力。加强应急管理，完善应急预案，增强预案的适用性、针对性，定期组织开展综合演练、专项演练，尤其是现场处置岗位演练，提升企业员工第一时间处置突发事故能力，防止事故扩大。

4. 大连中石油国际储运有限公司“7·16”特别重大输油管道爆炸火灾的原因是什么？我们应从中吸取哪些事故教训？

（1）事故发生基本情况。2010 年 7 月 16 日晚 18 时许，大连中石油国际储运有限公司原油罐区输油管道发生爆炸，造成原油大量泄漏并引起火灾，持续燃烧 15 h，事故造成 103 号原油储罐和周边泵房及港区主要输油管道严重损坏，原油流入附近海域，造成环境污染。事故还造成 1 名作业人员失踪，灭火过程中 1 名消防战士牺牲。

该公司一期原油罐区位于大连新港，建有 6 个储罐，库存能力 60 万 m^3，二期原油罐区内建有 14 个储罐，库存能力 125 万 m^3。地形呈“西高东低、南高北低”。

2010 年 7 月 15 日，油轮开始向该公司原油罐区 304 号原油罐卸油，同时承包商作业人员开始通过罐区内 2 号输油管道排空阀向管道注入脱硫化氢剂。7 月 16 日 13 时 20 分左右，加剂人员在接到通知油船已停止卸油后，仍继续加注脱硫化氢剂。18 时 02 分左右，加注点东侧 2 号输油管道立管处发生爆炸，引起火灾，导致 103 号原油储罐起火。18 时 20 分左右，罐区电力系统损坏，罐区断电，消防系统不能正常工作，罐区阀门不能关闭，致使火势扩大。

16 日 23 时 30 分，在经过大连市消防救援人员扑救后，火势得到初步控制，最初发生爆炸的输油管道（直径 900 mm）大火被扑灭。但是与原油储罐相连的管道（直径 700 mm）仍在燃烧，储罐与输油管线之间阀门被烧坏，无法切断原油，原油从油罐中持续流出、起火。17 日凌晨，地面流淌的原油通过罐区排水系统出口流入海域，造成污染，至 17 日 14 时左右，火势完全被扑灭。

事故造成 103 号原油储罐（10 万 m^3）完全烧毁，油罐一侧已塌陷，临近的输油管线受损，一期罐区油泵房、计量间、变配电间、消防泵房被烧毁，罐区南部控制室被烧毁。事故现场见图 3-6，烧毁后的 103 号原油储罐见图 3-7。

图 3-6　事故现场

图 3-7　103 号原油罐

(2) 事故原因。

1) 事故发生的直接原因。

①违规进行加剂(脱硫化氢剂,含85%双氧水)作业。在油轮暂停卸油作业的情况下,继续加入大量脱硫化氢剂,造成双氧水在加剂口附近输油管段内局部富集。

②输油管内高浓度的双氧水与原油及铁锈等杂质接触发生放热反应,致使管内温度升高。

③在温度升高的情况下,双氧水与管壁接触,亚铁离子促进双氧水的分解,使管内温度和压力加速升高,形成"分解—管内温度、压力升高—分解加快—管内温度、压力快速升高"的连续循环,引起输油管道中双氧水发生爆炸,原油泄漏,引发火灾。

2) 事故发生的间接原因。

①安全主体责任不落实。整个罐区管理混乱,层次较多,没有执行"谁主管,谁负责"的原则,造成安全主体责任不落实,安全监管不到位。

②变更管理不善。此次作业,加剂工艺发生了变更,原油脱硫化氢剂生产厂家发生变更,脱硫化氢剂的活性组分由有机胺类变更为双氧水,但是事故单位没有针对这一变更进行风险分析,没有制定完善的加剂方案。

③事故单位对承包商监管不力。事故单位对加入的原油脱硫化氢剂的安全可靠性没有进行科学论证,直接将原油脱硫化氢处理工作委托给承包商,而承包商又进行了转包。且在加剂过程中,事故单位作业人员在明知已暂停卸油作业的情况下,没有及时制止承包商的违规加注行为。

④加剂方法没有正规设计。加剂方案没有经过科学论证,违反《中华人民共和国安全生产法》相关要求。

⑤承包商在加剂作业中存在违规加注行为。其作业人员在经济利益的驱使下,违反设计配比,在原油停输后,将22.6 t脱硫化氢剂加入输油管道中。

⑥油罐租赁单位未对原油脱硫化氢剂及其使用进行合法性审核和安全论证。

⑦原油接卸过程中指挥协调不力,层次较多,管理混乱。

⑧应急设施基础薄弱。事故造成电力系统损坏,消防设施失效,罐区停电,

使得其他储罐的电控阀门无法操作，无法及时关闭周围储罐的阀门，导致火灾规模扩大。

（3）事故教训。

1）应认真做好重大危险源场所的总体规划。此次事故中，整个大连大孤山地区规划油品库容达到 2 000 万 m^3 左右，分 5 个台阶建设，高差达到 76 m，所储存油品包括原油、成品油、化工原料和 LNG（液化天然气）。此次事故中，溢出的原油向低洼处蔓延，形成流淌火，流淌火流入库区外和相邻库区，造成大连港集团的南罐区油泵房和管道爆炸起火，威胁到整个保税区所有油库的安全。港区内原油等危险化学品大型储罐集中布置是造成事故险象环生的重要因素。在建设原油、成品油、化工原料和 LNG 等大库容、多品种储存基地前，应进行详细的安全论证，充分考虑定量风险评估的结果，确保一个库区发生事故时，不会影响到整个库区的安全。

在单个企业乃至化工园区重大危险源布局时，同样要考虑单一企业或单一储罐发生火灾时，对相邻储罐或相邻企业的影响。要在严格遵守各项防火标准规范的基础上，运用定量评估方法科学评估事故后果波及范围，合理布局易燃液体储罐，确保重大危险源火灾损失降低到最小。

2）应高度重视重大危险源场所的供电保障。此次事故发生初期，火灾使得罐区高架电力系统迅速瘫痪，罐区停电，其他储罐的电控阀门无法操作，不能及时关闭周围储罐的阀门，并导致消防系统不能正常工作，给火灾规模的扩大提供了条件。对于重大危险源场所的供电设计，应按照《供配电系统设计规范》（GB 50052—2009）要求合理确定供电负荷等级。对于可能导致严重后果的重大危险源，应至少采用双回路电源线路供电，同时设置移动式应急柴油发电机组，确保在断电情况下保障重要设备的供电。

3）应确保储罐紧急切断阀在事故状态下有效使用。此次事故中，发生火灾的罐区每个罐组集中设置了一个阀组，虽然方便了生产操作维护和防冻，但一旦阀组处发生火灾，罐组中各罐控制阀门全部烧毁，导致不能有效阻止罐内物料的外流。在储罐紧急切断阀的选用时，应充分考虑事故情形下储罐紧急切断阀的正常使用，应按照安全性原则选用和设计，必要时设置双阀，确保在事故发生时能有效切断物料。

4）应重视变更可能带来的风险并进一步强化变更管理。此次事故的一个重要原因是变更管理不善，事故单位的加剂工艺发生了变更，脱硫化氢剂的活性组分由有机胺类变更为双氧水，但是没有针对这一变更进行风险分析，没有制定完善的加剂方案，在采用新工艺后，没有加强对现场作业的监管，从而导致了在加剂过程中发生严重事故。

重大危险源企业应高度重视变更管理工作，清醒认识到变更可能给工艺和设备运行带来的风险。当生产工艺或工艺流程变更时，需要对生产工艺及操作过程进行全面的安全性评估，识别和分析影响安全性的关键因素和作业环节。要进行科学的安全论证，全面辨识可能出现的安全风险，采取针对性的防范措施，确保安全。要按照“申请—审批—实施—验收”的管理程序做好变更的全过程管理工作，强化变更风险管控。

5）要加强对承包商的现场监管。在此次事故发生前，承包商配制了 90 t 原油脱硫化氢剂，在加剂过程中由于软管鼓泡、脱硫化氢剂泄漏、软管与泵连接口处脱落等原因耽误了 4 h。在原油停输后，仍坚持把剩余脱硫化氢剂加入原油中，事故单位的现场监管人员对其违规行为未加制止。

企业应加强对承包商的管理，尤其是在重大危险源场所实施作业过程中的安全监管，坚决杜绝非法转包、以包代管现象，加强重大危险源场所直接作业过程的安全监督和管理，严格查处“三违”行为，实现安全作业。

6）要加强对事故应急池的管理工作。涉及存储可燃、易燃危险化学品的重大危险源企业，应高度重视对事故应急池的管理，在加强对防火堤的维护，防止堤内液体渗漏到堤外的同时，做好罐区排水系统的管理，保证污水泵完好可用，污水池有效容积满足事故情况下承载事故污水的需要。

7）要充分发挥出重大危险源包保责任人的作用。重大危险源场所一旦发生事故，往往后果严重。此次事故也暴露出企业管理层级繁杂、职责不清、疏于作业现场管理的问题。重大危险源包保责任人要承担自己应尽的责任，按照包保责任制要求，落实包保责任。主要负责人要实施好各项管理制度，抓好人员责任落实；技术负责人要加强对承包商管理和变更管理；操作负责人要加强作业现场的安全管理。只有齐抓共管，才能确保重大危险源的安全。

参考文献

［1］尚勇，张勇. 中华人民共和国安全生产法释义［M］. 北京：中国法制出版社，2021.

［2］中国安全生产科学研究院. 安全生产法律法规［M］. 北京：应急管理出版社，2019.

［3］中华人民共和国国家质量监督检验检疫总局. 固定式压力容器安全技术监察规程：TSG 21—2016［S］. 北京：新华出版社，2016.

［4］国家安全生产监督管理总局，立式圆筒形钢制焊接储罐安全技术规程：AQ 3053—2015［S］. 北京，2015.

［5］余文光，孟邹清，方来华. 化工安全仪表系统［M］. 北京：化学工业出版社，2021.

［6］杨启明，马廷霞，王维斌. 石油化工设备安全管理［M］. 北京：化学工业出版社，2008.

［7］蒋军成. 化工安全［M］. 北京：机械工业出版社，2021.

［8］李莹滢. 消防器材装备［M］. 北京：化学工业出版社，2021.

［9］赵劲松，栗镇宇，贺丁，等. 化工过程安全管理［M］. 北京：化学工业出版社，2021.

［10］孙丽丽，等. 危险化学品安全总论［M］. 北京：化学工业出版社，2021.

［11］王凯全，时静洁，袁雄军，等. 危险化学品储运［M］. 北京：化学工业出版社，2020.

［12］蒋军成. 危险化学品安全技术与管理：第3版［M］. 北京：化学工业出版社，2019.

[13] 刘强. 化工过程安全管理实施指南 [M]. 北京：中国石化出版社，2017.

[14] 中国化学品安全协会.《危险化学品企业安全风险隐患排查治理导则》应用读本 [M]. 北京：中国石化出版社，2019.

[15] 中国安全生产科学研究院. 安全生产专业实务·化工安全 [M]. 北京：应急管理出版社，2019.